化 工 生 产 实 训 实 验 室 学 生 安 全 守 则

　　化工生产安全是企业管理的核心任务之一,直接关系到操作人员的人身安全。2006年,国家安全生产监督管理总局制定了《生产经营单位安全培训规定》,要求生产经营单位从业人员接受安全培训,熟悉有关安全生产规章制度和安全操作规程,具备必备的安全生产知识,掌握本岗位的安全操作技能,增强预防事故、控制职业危害和应急处理的能力。未经三级安全教育或考试不合格者,不准上岗参加操作。因此,安全技能在化工生产中是从业人员的必备本领。借鉴真实化工生产场景,我们在实训区域布置了相关的安全标识,通过日常实训过程,不断灌输安全生产理念和责任关怀准则,力求让学生在实训过程中养成良好的安全生产习惯。化工生产实训实验主要安全要求如下:

　　1. 学生必须严格遵守实验室各项制度和规定。

　　2. 实验室内严禁烟火,对易燃易爆物品严禁明火操作,也不能在实验室内点火取暖。

　　3. 实验前必须进行安全培训,每个实训项目充分预习,了解实验目的、原理、方法和操作步骤,尤其是实训项目的安全注意事项,中途不准随便离开岗位,防止发生事故。

　　4. 充分熟悉安全用具,如灭火器、急救箱的存放位置和使用方法,并妥加爱护,安全用具及急救药品不准移作它用;不得私自将药品和安全器材带出实验室。

　　5. 进入实验室必须穿工作服、戴头盔和防护眼镜。不得穿高跟鞋或拖鞋,留长发者应束扎头发。

　　6. 实验室内严禁吸烟、进食,不得随地吐痰、乱扔杂物,不准玩手机,不准听录音,不得大声喧闹或做其它与实验无关的事。

　　7. 实验时要集中思想,按规程进行操作,实验过程中要仔细观察,反复思考,如实记录,并应保持桌面整洁,做到有条不紊。

　　8. 要爱护仪器设备,注意节约水电,节约药品。实验室内各种仪器设备未经指导老师同意,不得随意拨弄,实验中如有仪器损坏时,应及时报告,按规定赔偿。

　　9. 气体钢瓶用毕或临时中断,都应立即关闭阀门。若发现漏气或气阀失灵,应停止实验,立即检查并修复,待实验室通风一段时间后,再恢复实验。

　　10. 废液倒入指定的废液桶,使用过的一次性手套、一次性取样瓶、化学吸附棉等用自封袋密封后丢入指定的实验室固体废弃物桶,不准任意倒入水槽或丢入生活类垃圾桶,实验结束后各种固体垃圾应送至走廊集中的垃圾箱内。空试剂瓶瓶盖拧紧,送至走廊集中的试剂瓶收集桶。破碎的玻璃器皿送至走廊集中的破碎玻璃收集桶。

　　11. 每次实验结束后,要把用过的玻璃仪器洗净,把实验室打扫干净,要检查水、电、钢瓶、门窗,确认安全才能离开岗位。

　　12. 实验室任何物质,不得擅自带出,违者按情节轻重进行教育,直至追究一定责任。

13. 了解下列常见安全标语：

◆ 生产现场宣传标语（K 类）

K1 严谨思考，严密操作；严格检查，严肃验证。

K2 安全用电，节约用水；消防设施，定期维护。

K3 事故原因分析不清不放过；没有指定防范措施不放过。

◆ 安全宣传标语系列

Q1 安全来自长期警惕，事故源于瞬间麻痹。

Q2 多看一眼，安全保险；多防一步，少出事故。

Q3 事故不难防，重在守规章。

Q4 不伤害自己，不伤害他人，不被他人伤害，保护他人不受伤害。

禁止打手机　　禁止饮食　必须戴防护眼镜　必须戴防护手套　禁止触摸

安全警示标志图

化工生产实训实验室学生实训守则

    1. 实训前应认真预习实训内容,明确实训目的要求、实训步骤和操作方法。充分了解仪器、试剂和化工设备的性能及使用方法。

    2. 进入实训室前必须身着实训服装并佩戴好安全防护用具。

    3. 进入实训室必须遵守纪律,听从指导老师安排。先检查实训用品是否齐全,如对设备的使用方法或试剂性质不明确,不得实训,以免发生危险和损坏设备。不得喧哗,不得随意搬动桌上的仪器、药品,不得随意操作实训装置中的化工设备。

    4. 实训时认真操作,听从实训老师指导。严格遵守操作规程,防止事故发生,如有问题先报告老师,搞清楚后再做实训操作,如发生意外事故,务必保持镇静,并及时请指导教师进行妥善处理。仔细观察发生的现象,实事求是地做好实训记录,不私自进行其它实训。

    5. 实训完毕,应将仪器、药品整理好,再将实训设备处理干净。最后,由组长向老师交点清楚,经指导老师签收并在实训报告上签字后,方能离开实训室。

    6. 爱护仪器、设备等公共财物,节约水电和药品。小心使用仪器和实训设备,损坏或遗失仪器,要及时向管理人员报告,并登记。对违反规定造成事故或损坏,拿走器材、药品者,按情节轻重分别给予经济赔偿和纪律处分。

    7. 保持实训室整洁、干净,要有环保和责任意识。

    8. 实训室内一切物品未经教师许可,不得带出实训室。

    9. 根据实训原始记录,认真做好实训报告,按时交给教师批阅。

第一部分　化工生产实训仿真操作

第一章　流体输送综合仿真实训

1.1　仿真实训目的

1. 了解流体输送综合仿真实训装置的基本原理和主要设备的结构及特点。

2. 了解离心泵结构、工作原理及性能参数,掌握离心泵特性曲线测定及离心泵最佳工作点确定方法;掌握正确使用、维护保养离心泵通用技能;能够判断离心泵气缚、气蚀等异常现象并掌握排除技能,并根据工艺条件正确选择离心泵的类型及型号。

3. 了解旋涡泵的结构、工作原理及其流量调节方法。了解压缩机的工作原理、主要性能参数及输送流体的方法。掌握根据工艺要求正确操作流体输送设备并完成流体输送任务。

4. 了解喷嘴流量计、文丘里流量计、转子流量计、涡轮流量计、热电阻温度计、各种常用液位计、压差计等工艺参数测量仪表的结构和测量原理;掌握其使用方法。

5. 理解并掌握流体静力学基本方程、物料平衡方程、伯努利方程及流体在圆形管路内流动阻力的基本理论及应用。训练学生运用流体力学、流体输送机械基本理论分析解决流体输送过程中所出现的一般问题。

6. 根据工艺要求进行流体流动操作,并能够在操作过程中熟练调控仪表参数,保证流体输送正常进行。熟悉手动和自动无干扰切换操作方法以及熟练操控 DCS 控制系统。

7. 掌握根据异常现象分析判断故障种类、产生原因并排除处理。

8. 培养学生安全、规范、环保、节能的生产意识以及敬业爱岗、严格遵守操作规程的职业道德和团队合作精神。

1.2　仿真实训原理

1.2.1　离心泵测定基本原理

在化工过程中,广泛应用着各种流体输送机械,离心泵则是最常用的流体输送设备,

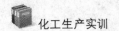

其具有结构简单、体积小、操作平稳、维修方便等优点。实际生产中,有时单台离心泵无法满足生产要求,需要几台组合运行。组合方式可以有并联和串联两种方式。

(1) 泵并联

规格相同的离心泵并联时可以提高流量,当输送任务变化幅度较大时,可以发挥泵的经济效果,使其能在高效点范围内工作,其流程如图 1 所示。

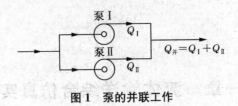

图 1　泵的并联工作

(2) 泵串联

规格相同的离心泵串联时则可以提高泵的扬程。

1.2.2　直管阻力测定基本原理

流体在管路中流动时,由于黏性剪应力和涡流的存在,不可避免地会引起流体压力损失。流体在流动时所产生的阻力有直管摩擦阻力和局部阻力。

流体流过直管时的摩擦系数与阻力损失之间的关系可用式(1-1)表示:

$$h_f = \lambda \frac{l}{d} \frac{u^2}{2} \tag{1-1}$$

式中: h_f——直管阻力损失,J/kg;

l——直管长度,m;

d——直管内径,m;

u——流体速度,m/s;

λ——摩擦系数。

在一定的流速和雷诺数下,测出阻力损失,按式(1-2)求出摩擦系数 λ:

$$\lambda = h_f \frac{d}{l} \frac{2}{u^2} \tag{1-2}$$

阻力损失 h_f 可通过对两截面间作机械能衡算而求出:

$$h_f = (z_1 - z_2)g + \frac{p_1 - p_2}{\rho} + \frac{u_1^2 - u_2^2}{2} \tag{1-3}$$

对于水平等径直管 $z_1 = z_2$,$u_1 = u_2$,式(1-3)可简化为:

$$h_f = \frac{p_1 - p_2}{\rho} \tag{1-4}$$

式中: h_f——两截面的压强差,N/m²;

ρ——流体的密度,kg/m³。

只要测出两截面上静压强的差即可算出 h_f。两截面上静压强的差可用倒 U 型管压差计测出。流速由流量计测得,在已知 d、u 的情况下只需测出流体的温度 t,查出该温度下流体的 ρ、μ,则可求出雷诺数 Re,从而得出流体流过直管的摩擦系数 λ 与雷诺数 Re 之间的关系。

1.2.3 局部阻力测定基本原理

流体流过阀门、扩大、缩小等管件时,所引起的阻力损失可用式(1-5)计算:

$$h'_f = \zeta \frac{u^2}{2} \tag{1-5}$$

式中:ζ——局部阻力系数,ζ 值一般通过实验测定。

计算局部阻力系数时应注意扩大、缩小管件的阻力损失 h'_f 的计算:

$$\zeta = \frac{2}{\rho} \cdot \frac{\Delta P'_f}{u^2} \tag{1-6}$$

式中:ζ——局部阻力系数,无因次;

$\Delta P'_f$——局部阻力引起的压强降,Pa;

h'_f——局部阻力引起的能量损失,J/kg。

局部阻力引起的压强降 $\Delta P'_f$ 可用下面的方法测量:在一条各处直径相等的直管段上,安装待测局部阻力的阀门,在其上、下游开两对测压口 a-a′ 和 b-b′,如图 2 所示,并使:

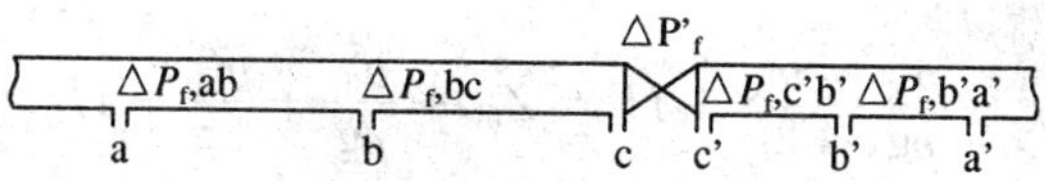

图 2 局部阻力测量取压口布置图

$$ab = bc, a'b' = b'c'$$

则 $\Delta P_{f,ab} = \Delta P_{f,bc}, \Delta P_{f,a'b'} = \Delta P_{f,b'c'}$

在 a～a′ 之间列伯努利方程式:

$$p_a - p_{a'} = 2\Delta P_{f,ab} + 2\Delta P_{f,a'b'} + \Delta P'_f \tag{1-7}$$

在 b～b′ 之间列伯努利方程式:

$$\begin{aligned} p_b - p_{b'} &= \Delta P_{f,bc} + \Delta P_{f,b'c'} + \Delta P'_f \\ &= \Delta P_{f,ab} + \Delta P_{f,a'b'} + \Delta P'_f \end{aligned} \tag{1-8}$$

联立式(1-7)和(1-8),则:

$$\Delta P'_f = 2(p_b - p_{b'}) - (p_a - p_{a'}) \tag{1-9}$$

为了实验方便,称 $(p_b - p_{b'})$ 为近点压差,称 $(p_a - p_{a'})$ 为远点压差。用压差传感器来测量。

1.2.4　节流式流量计测定基本原理

流体流过节流式(孔板、文丘里、喷嘴)流量计时,由于喉部流速大压强小,文氏管前端与喉部产生压差,此差值可用倒 U 型压差计或单管压差计测出,而压强差与流量之间关系可用式(1-10)计算:

$$V_s = C_0 A_0 \sqrt{\frac{2(p_{上} - p_{下})}{\rho}} \qquad (1-10)$$

式中:C_0——节流式流量计的流量系数;

V_s——流量;A_0——喉孔直径;

$p_{上}$、$p_{下}$——文丘里上下游压力;

ρ——流体的密度,kg/m^3。

1.2.5　离心泵特性曲线

离心泵是最常见的液体输送设备。在一定的型号和转速下,离心泵的扬程 H、轴功率 N 及效率 η 均随流量 Q 而改变。通常通过实验测出 $H—Q$、$N—Q$ 及 $\eta—Q$ 关系,并用曲线表示,称为特性曲线。特性曲线是确定泵适宜操作条件和选用泵的重要依据。泵特性曲线的具体测定方法如下:

(1) H 测定

在泵的吸入口和排出口之间列伯努利方程:

$$Z_{入} + \frac{p_{入}}{\rho g} + \frac{u_{入}^2}{2g} + H = Z_{出} + \frac{p_{出}}{\rho g} + \frac{u_{出}^2}{2g} + H_{f入-出} \qquad (1-11)$$

$$H = (Z_{出} - Z_{入}) + \frac{p_{出} - p_{入}}{\rho g} + \frac{u_{出}^2 - u_{入}^2}{2g} + H_{f入-出} \qquad (1-12)$$

式(1-12)中 $H_{f入-出}$ 是泵的入口和出口之间管路内的流体流动阻力,与伯努利方程中其他项比较,$H_{f入-出}$ 值很小,故可忽略。于是式(1-12)简化为:

$$H = (Z_{出} - Z_{入}) + \frac{p_{出} - p_{入}}{\rho g} + \frac{u_{出}^2 - u_{入}^2}{2g} \qquad (1-13)$$

将测得的 $(Z_{出} - Z_{入})$ 和 $p_{出} - p_{入}$ 值以及计算所得的 $u_{出}$、$u_{入}$ 代入式(1-13),即可求得 H。

(2) N 测定

功率表测得的功率为电动机的输入功率。由于泵是经过电动机直接带动,传动效率可视为 1,所以电动机的输出功率等于泵的轴功率。即:

泵的轴功率 N=电动机的输出功率,kW。

电动机输出功率=电动机输入功率×电动机效率,kW。

泵的轴功率=功率表读数×电动机效率,kW。

（3）η 测定

$$\eta = \frac{N_e}{N} \qquad (1-14)$$

$$N_e = \frac{HQ\rho g}{1\ 000} = \frac{HQ\rho}{102} \qquad (1-15)$$

式中：η——泵的效率； N——泵的轴功率，kW；

N_e——泵的有效功率，kW； H——泵的扬程，m；

Q——泵的流量，m^3/s； ρ——水的密度，kg/m^3。

1.2.6 管路特性曲线

当离心泵安装在特定的管路系统中工作时，实际工作压头和流量不仅与离心泵本身性能有关，还与管路特性有关，即在液体输送过程中，泵和管路二者相互制约。

管路特性曲线是指流体流经管路系统过程中流量与所需压头之间的关系。若将泵的特性曲线与管路特性曲线描绘在同一坐标图上，两曲线交点即为泵在该管路的工作点。因此，这就如同通过改变阀门开度来改变管路特性曲线，求出泵的特性曲线一样，可通过改变泵转速来改变泵的特性曲线，从而得出管路特性曲线。泵的压头 H 计算同上。

1.3 流体输送综合仿真实训工艺流程、主要设备及仪表

1.3.1 工艺流程图

图 3 为流体输送综合仿真实训工艺流程图。

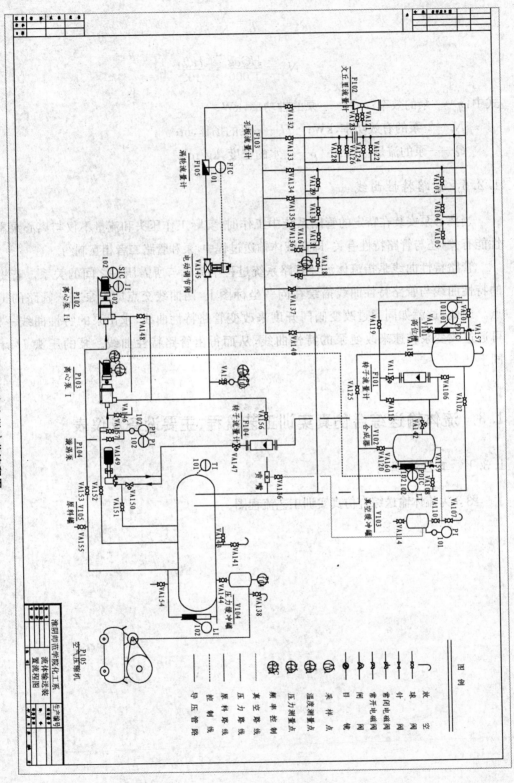

图 3　流体输送仿真实训工艺流程图

1.3.2 主要设备技术参数

表1 流体输送综合实训装置主要设备技术参数表

序号	位号	名称	规格型号
1	P101	喷射泵	RPP-25-20
2	P102	离心泵Ⅱ	GZA50-32-160
3	P103	离心泵Ⅰ	GZA50-32-160
4	P104	旋涡泵	25W-25
5	P105	压缩机	YL90SZ
6	P106	真空机组泵	GZA50-32-160
7	P107	污水泵	GZA50-32-160
8	P108	气蚀泵	GZA50-32-160
9	V101	高位槽	$\varphi360\times700$
10	V102	合成器	$\varphi300\times530$
11	V103	真空缓冲罐	$\varphi210\times350$
12	V104	压力缓冲罐	$\varphi100\times310$
13	V105	原料罐	$\varphi600\times1\,360$
14	V106	真空机组水箱	500×400
15	V107	污水箱	400×600
16	VA145	电动调节阀	0—30 m³/h
17	F105	涡轮流量计	0—30 m³/h
18	FI104	转子流量计	0—30 m³/h
19	FI105	转子流量计	0—30 m³/h
20	PI101	真空缓冲罐真空表	−0.1—0 MPa
21	PI102	泵入口真空表	−0.1—0.1 MPa
22	PI103	压差传感器	0—400 kPa
23	PI104	压力缓冲罐压力表	0—0.6 MPa
24	PI105	泵出口压力表	0—0.6 MPa

1.3.3 主要阀门名称及作用

表2 流体输送综合实训装置主要阀门名称、作用及技术参数

序号	位号	阀门名称及作用	技术参数
1	VA101	DN15 直管控制阀	DN15
2	VA102	DN25 直管控制阀	DN25
3	VA103	DN40 直管控制阀	DN40

序号	位号	阀门名称及作用	技术参数
4	VA104	喷嘴流量计控制阀	DN50
5	VA105	文丘里流量计控制阀	DN50
6	VA106	高位槽进水阀	DN50
7	VA107	高位槽放空阀	DN8
8	VA108	回流阀	DN50
9	VA109	高位槽液位排水阀	DN8
10	VA110	真空缓冲罐与合成器联通阀	DN25
11	VA111	高位槽液溢流阀	DN50
12	VA112	真空缓冲罐排水阀	DN25
13	VA113	高位槽液回水阀	DN25
14	VA114	放空阀	DN25
15	VA115	转子流量计 FI105 调节阀	DN25
16	VA116	合成器上水阀	DN25
17	VA117	真空缓冲罐调节阀	DN25
18	VA118	合成器上水阀	DN25
19	VA119	合成器液位放空阀	DN8
20	VA120	合成器溢流阀	DN50
21	VA121	合成器液位排水阀	DN8
22	VA122	合成器回水阀	DN25
23	VA123	真空控制阀	DN25
24	VA124	喷射泵控制阀	DN50
25	VA125	回水阀	DN50
26	VA126	电磁阀	DN50
27	VA127	回水阀	DN50
28	VA128	泵出口压力表控制阀	DN15
29	VA129	转子流量计 FI104 调节阀	DN25
30	VA130	双泵并联阀	DN50
31	VA131	双泵串联阀	DN50
32	VA132	离心泵 P103 真空表控制阀	DN15
33	VA133	离心泵 P102 真空表控制阀	DN15
34	VA134	旋涡泵循环阀	DN25
35	VA135	旋涡泵进水阀	DN25
36	VA136	放水阀	DN15

序号	位号	阀门名称及作用	技术参数
37	VA137	离心泵 P103 进水阀	DN50
38	VA138	离心泵 P102 进水阀	DN50
39	VA139	放水阀	DN15
40	VA140	原料罐加水放空阀	DN15
41	VA141	原料罐加水阀	DN15
42	VA142	压力缓冲罐压力调节阀	DN15
43	VA143	压缩机出口阀	DN15
44	VA144	压力缓冲罐与原料罐联通阀	DN15
45	VA145	电动调节阀	DN50
46	VA146	原料罐放空阀	DN15
47	VA147	排水阀	DN25
48	VA148	排水阀	DN25
49	VA149	真空机组箱进水阀	DN25
50	VA150	污水箱进水阀	DN25
51	VA151	污水泵出水阀	DN25
52	VA152	气蚀泵出水阀	DN25
53	VA153	真空机组箱排水阀	DN25
54	VA154	污水箱排水阀	DN25
55	VA155	气蚀泵进水阀	DN25
56	VA201	DN15 直管导压管测压阀	DN8
57	VA202	DN25 直管导压管测压阀	DN8
58	VA203	DN40 直管导压管测压阀	DN8
59	VA204	喷嘴流量计远端测压阀	DN8
60	VA205	压差传感器平衡阀	DN8
61	VA206	喷嘴流量计近端测压阀	DN8
62	VA207	喷嘴流量计测压阀	DN8
63	VA208	喷嘴流量计测压阀	DN8
64	VA209	喷嘴流量计近端测压阀	DN8
65	VA210	文丘里流量计测压阀	DN8
66	VA211	文丘里流量计测压阀	DN8
67	VA212	DN15 直管导压管测压阀	DN8
68	VA213	DN25 直管导压管测压阀	DN8
69	VA214	DN40 直管导压管测压阀	DN8
70	VA215	喷嘴流量计远端测压阀	DN8

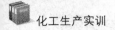

1.3.4 仿真实训流程简述

流体输送仿真实训装置工艺流程由原料罐、合成器、高位槽、真空缓冲罐、压力缓冲罐、离心泵、旋涡泵、压缩机、真空机等设备及与之连接的管路阀门组成,构成多组独立的训练循环系统,配有流量、液位、压力、温度等测量仪表及计算机远程控制系统DCS。

1. DN15直管流体阻力测定工艺过程

流体由原料罐V105经阀门VA137经过离心泵Ⅰ P103输送,流经电动调节阀VA145—涡轮流量计F105—阀门VA101—阀门VA108—阀门VA125后回到原料罐V105。同时打开相应测压阀VA201和VA212及平衡阀VA205,读取数据时关闭平衡阀VA205。

2. DN25直管流体阻力测定工艺过程

流体由原料罐V105经阀门VA137经过离心泵Ⅰ P103输送,流经电动调节阀VA145—涡轮流量计F105—阀门VA102—阀门VA108—阀门VA125后回到原料罐V105。同时打开相应测压阀VA202和VA213及平衡阀VA205,读取数据时关闭平衡阀VA205。

3. DN40直管流体阻力测定工艺过程

流体由原料罐V105经阀门VA137经过离心泵Ⅰ P103输送,流经电动调节阀VA145—涡轮流量计F105—阀门VA103—阀门VA108—阀门VA125后回到原料罐V105。同时打开相应测压阀VA203和VA214及平衡阀VA205,读取数据时关闭平衡阀VA205。

4. 文丘里流量计测定工艺过程

流体由原料罐V105经阀门VA137经过离心泵Ⅰ P103输送,流经电动调节阀VA145—涡轮流量计F105—文丘里流量计—阀门VA105—阀门VA108—阀门VA125后回到原料罐V105。同时打开相应测压阀VA210和VA211及平衡阀VA205,读取数据时关闭平衡阀VA205。

5. 喷嘴流量计测定工艺过程

流体由原料罐V105经阀门VA137经过离心泵Ⅰ P103输送,流经电动调节阀VA145—涡轮流量计F105—喷嘴流量计—阀门VA104—阀门VA108—阀门VA125后回到原料罐V105。同时打开相应测压阀VA207和VA208及平衡阀VA205,读取数据时关闭平衡阀VA205。

6. 喷嘴流量计局部阻力测定工艺过程

流体由原料罐V105经阀门VA137经过离心泵Ⅰ P103输送,流经电动调节阀VA145—涡轮流量计F105—喷嘴流量计—阀门VA104—阀门VA108—阀门VA125后回到原料罐V105。同时打开平衡阀VA205,取数据时再关闭平衡阀VA205,并分别对应的打开阀门VA206和VA209,测量取近端压差,打开阀门VA204和VA215,测量取远端压差。

7. 离心泵单泵性能测定工艺过程

流体由原料罐V105经阀门VA137,由离心泵Ⅰ P103输送作用下,通过电动调节阀

VA145—涡轮流量计 F105—阀门 VA127—阀门 VA125 后回到原料罐 V105;开启泵后,分别打开泵入口真空测压阀 VA132、VA160 以及泵出口测压阀 VA128。

8. 离心泵双泵并联性能测定工艺过程

流体由原料罐 V105 经阀门 VA137 和阀门 VA138,分别由离心泵Ⅰ P103 和离心泵Ⅱ P102 输送作用下,流经阀门 VA130—电动调节阀 VA145—涡轮流量计 F105—阀门 VA127—阀门 VA125 后回到原料罐 V105;开启泵后,分别打开泵入口真空测压阀 VA132、阀门 VA133 和阀门 VA160 以及泵出口测压阀 VA128。

9. 离心泵双泵串联性能测定工艺过程

流体由原料罐 V105 经阀门 VA138,由离心泵Ⅱ P102 输送作用下,流经阀门 VA131 再由离心泵Ⅰ P103 输送经电动调节阀 VA145—涡轮流量计 F105—阀门 VA127—阀门 VA125 后回到原料罐 V105;开启泵后,分别打开泵入口真空测压阀 VA133、VA160 以及泵出口测压阀 VA128。

10. 旋涡泵向合成器输送流体工艺过程

流体由原料罐 V105 经阀门 VA135 经过旋涡泵 P104 输送,通过阀 VA134 循环经阀门 VA129 调流量—转子流量计 FI104—VA118 进入合成器,最后经阀门 VA122 回到原料罐。

11. 真空机组向合成器输送流体工艺过程

流体由原料罐 V105 经过离心泵 P103 输送,流经喷射泵 P101—阀门 VA124—阀门 VA108—阀门 VA125 后回到原料罐 V105。同时通过阀门 VA123—真空缓冲罐 V103—阀门 VA110 使合成器 V102 中产生真空。

流体由原料罐 V105 经阀门 VA135—阀门 VA134—阀门 VA129—转子流量计 FI104—阀门 VA118 进入合成器。

12. 压缩机向合成器输送流体时工艺过程

空气压缩机 P105 产生压力由阀门 VA143 进入压力缓冲罐 V104 中由压力表 PI104 显示,由阀门 VA142 调节压力后经阀门 VA144 进入原料罐 V105 中。

流体由原料罐 V105 经阀门 VA135—阀门 VA134—阀门 VA129—转子流量计 FI104—阀门 VA118 进入合成器 V102,再经 VA122 回到原料罐。

13. 向高位槽输送流体工艺过程

流体由原料罐 V105 经阀门 VA137,在离心泵Ⅰ P103 输送作用下,通过电动调节阀 VA145—涡轮流量计 F105—阀门 VA101 或(阀门 VA102、阀门 VA03、阀门 VA104、阀门 VA105)—阀门 VA106 进入高位槽 V101—阀门 VA113—阀门 VA125 后回到原料罐。

14. 由高位槽向合成器输送流体工艺过程

流体由原料罐 V105 经阀门 VA137,在离心泵Ⅰ P103 输送作用下,通过电动调节阀 VA145—涡轮流量计 F105—VA101 或(阀门 VA102、阀门 VA03、阀门 VA104、阀门 VA105)—阀门 VA106 进入高位槽—阀门 VA113—阀门 VA115 调流量—转子流量计 FI105 或(由阀门 VA116 直接)进入合成器 V102—阀门 VA122 回到原料罐 V105 中。

15. 流量控制工艺过程

流体由原料罐 V105 经阀门 VA137,由离心泵Ⅰ P103 输送作用下,通过电动调节阀

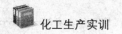
VA145—涡轮流量计 F105—阀门 VA127—阀门 VA125 后回到原料罐 V105。由涡轮流量计 F105 计量流量,产生信号传输给流量仪表,流量仪表发出指令调节电动调节阀 VA145 的开度以达到控制流量的目标。

16. 液位控制工艺过程

流体由原料罐 V105 经阀门 VA138,由离心泵Ⅱ P102 输送作用下,通过电动调节阀 VA145—涡轮流量计 F105—阀门 VA127—阀门 VA116—进入合成器 V102—阀门 VA122 回到原料罐 V105 中。

合成器 V102 的液位传感器 LIC102 根据液位调整离心泵Ⅱ P102 的频率,以达到液位控制的目标。

1.3.5 仿真实训控制仪表面板

图 4 为流体输送综合仿真实训装置控制仪表面板图。

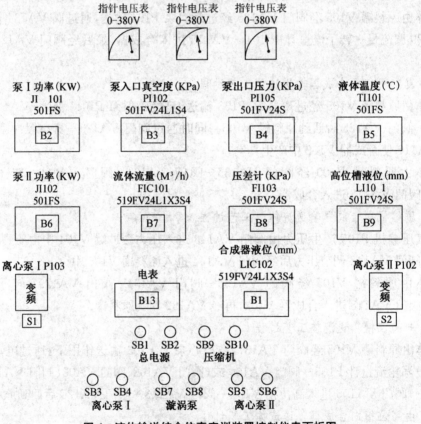

图 4 流体输送综合仿真实训装置控制仪表面板图

1.3.6 仿真实训仪表控制参数

表3 流体输送综合仿真实训装置仪表控制参数表

序号	测量参数	仪表位码	检测元件	显示仪表	表号	执行机构
1	合成器液位	LIC102	玻璃管	就地		
			传感器	AI519	B1	变频器 S2
2	泵Ⅰ功率	JI101	功率变送器	AI501	B2	
3	真空缓冲罐表	PI101	真空表	就地		
4	泵入口压力	PI102	压力表	就地		
			传感器	AI501	B3	
5	压差计	PI103	压差传感器	AI501	B8	
6	压力缓冲罐表	PI104	压力表	就地		
7	泵出口压力	PI105	压力表	就地		
			传感器	AI501	B4	
8	液体温度	TI101	温度传感器	AI501	B5	
9	泵Ⅱ功率	JI102	功率变送器	AI501	B6	
10	流体流量	FIC101	涡轮流量计	AI519	B7	电动调节阀
11	高位槽液位	LI101	玻璃管	就地		
			传感器	AI501	B9	
12	电表		电表变送器		B13	
13	离心泵Ⅰ变频	P102			S1	
14	离心泵Ⅱ变频	P103			S2	
15	原料罐液位	LI103	磁翻转液位计	就地		
16	电磁阀	VA126		就地		

1.4 仿真实训内容及操作步骤

先打开总电源开关,打开原料罐 V105 的注水阀 VA141,待液位达到 80% 以后,关闭阀 VA141,不要将原料灌注满。

1.4.1 DN15 直管中流动输送的摩擦系数测量

1. 打开离心泵Ⅰ P103 的进水阀 VA137 和 DN15 直管控制阀 VA101,以及回流阀 VA108 和回水阀 VA125。

2. 启动离心泵Ⅰ P103,调节电动调节阀 VA145 至 50% 左右开度,打开压差传感器平衡阀 VA205,分别打开 DN15 直管测压阀 VA201 和阀 VA212。

3. 流体形成从原料罐 V105→阀 VA137→离心泵Ⅰ P103→电动调节阀 VA145→涡轮流量计 F105→DN15 直管→阀 VA101→阀 VA108→阀 VA125→原料罐 V105 的回路。

· DN15 直管摩擦阻力系数测定

4. 通过调节电动调节阀 VA145 的不同开度,即调节不同流量,待流动稳定后同时读取流量(FIC101)、压差计(PI103)及水温(TI101)的数据。开始记录数据时先关闭压差传感器平衡阀 VA205。

5. 电动阀调节方法:从大流量到小流量依次测取 10～15 组实验数据。

6. 实验结束后,关闭各阀门,停泵,切断电源。

1.4.2 DN25 直管中流动输送的摩擦系数测量

1. 打开离心泵Ⅰ P103 的进水阀 VA137 和 DN25 直管控制阀 VA102,以及回流阀 VA108 和回水阀 VA125。

2. 启动离心泵Ⅰ P103,调节电动调节阀 VA145 至 50% 左右开度,打开压差传感器平衡阀 VA205,分别打开 DN25 直管测压阀 VA202 和阀 VA213。

3. 流体形成从原料罐 V105→阀 VA137→离心泵Ⅰ P103→电动调节阀 VA145→涡轮流量计 F105→DN25 直管→阀 VA102→阀 VA108→阀 VA125→原料罐 V105 的回路。

· DN25 直管摩擦阻力系数测定

4. 通过调节电动调节阀 VA145 的不同开度,即调节不同流量,待流动稳定后同时读取流量(FIC101)、压差计(PI103)及水温(TI101)的数据。开始记录数据时先关闭压差传感器平衡阀 VA205。

5. 电动阀调节方法:从大流量到小流量依次测取 10～15 组实验数据。

6. 实验结束后,关闭各阀门,停泵,切断电源。

1.4.3 DN40 直管中流动输送的摩擦系数测量

1. 打开离心泵Ⅰ P103 的进水阀 VA137 和 DN40 直管控制阀 VA103,以及回流阀 VA108 和回水阀 VA125。

2. 启动离心泵Ⅰ P103,调节电动调节阀 VA145 至 50% 左右开度,打开压差传感器平衡阀 VA205,分别打开 DN40 直管测压阀 VA203 和阀 VA214。

3. 流体形成从原料罐 V105→阀 VA137→离心泵Ⅰ P103→电动调节阀 VA145→涡轮流量计 F105→DN40 直管→阀 VA103→阀 VA108→阀 VA125→原料罐 V105 的回路。

· DN40 直管摩擦阻力系数测定

4. 通过调节电动调节阀 VA145 的不同开度,即调节不同流量,待流动稳定后同时读取流量(FIC101)、压差计(PI103)及水温(TI101)的数据。开始记录数据时先关闭压差传感器平衡阀 VA205。

5. 电动阀调节方法:从大流量到小流量依次测取 10～15 组实验数据。

6. 实验结束后,关闭各阀门,停泵,切断电源。

1.4.4 文丘里流量计流量标定

1. 打开离心泵Ⅰ P103 的进水阀 VA137 和文丘里流量计控制阀 VA105,以及回流阀 VA108 和回水阀 VA125。

2. 启动离心泵Ⅰ P103,调节电动调节阀 VA145 至 50%左右开度,打开压差传感器平衡阀 VA205,分别打开文丘里流量计测压阀 VA210 和阀 VA211。

3. 流体形成从原料罐 V105→阀 VA137→离心泵Ⅰ P103→电动调节阀 VA145→涡轮流量计 F105→文丘里流量计→阀 VA105→阀 VA108→阀 VA125→原料罐 V105 的回路。

4. 通过调节电动调节阀 VA145 的不同开度,即调节不同流量,待流动稳定后同时读取流量(FIC101)、压差计(PI103)及水温(TI101)的数据。开始记录数据时先关闭压差传感器平衡阀 VA205。

5. 电动阀调节方法:从大流量到小流量依次测取 10~15 组实验数据。

6. 实验结束后,关闭各阀门,停泵,切断电源。

1.4.5 喷嘴流量计流量标定

1. 打开离心泵Ⅰ P103 的进水阀 VA137 和喷嘴流量计控制阀 VA104,以及回流阀 VA108 和回水阀 VA125。

2. 启动离心泵Ⅰ P103,调节电动调节阀 VA145 至 50%左右开度。

3. 流体形成从原料罐 V105→阀 VA137→离心泵Ⅰ P103→电动调节阀 VA145→涡轮流量计 F105→喷嘴流量计→阀 VA104→阀 VA108→阀 VA125→原料罐 V105 的回路。

4. 通过调节电动调节阀 VA145 的不同开度,即调节不同流量,待流动稳定后打开压差传感器平衡阀 VA205,同时分别打开喷嘴流量计测压阀 VA207 和阀 VA208。读取流量(FIC101)、压差计(PI103)及水温(TI101)的数据。开始记录数据时先关闭压差传感器平衡阀 VA205。

5. 电动阀调节方法:从大流量到小流量依次测取 10~15 组实验数据。

6. 实验结束后,关闭各阀门,停泵,切断电源。

· 喷嘴流量计局部阻力测定

7. 通过调节电动调节阀 VA145 的不同开度,即调节不同流量,或将涡轮流量计设定到某一数值,待流动稳定后打开压差传感器平衡阀 VA205,同时分别打开喷嘴流量计近端测压阀 VA206 和阀 VA209 测近端压差,然后同时分别打开喷嘴流量计远端测压阀 VA204 和阀 VA215 测远端压差,读取流量(FIC101)、压差计(PI103)的数据。开始记录数据时先关闭压差传感器平衡阀 VA205。

8. 电动阀调节方法:从大流量到小流量依次测取 2~3 组实验数据。

9. 实验结束后,关闭各阀门,停泵,切断电源。

1.4.6 离心泵Ⅰ P103 单泵性能测定

· 离心泵Ⅰ P103 开车操作

1. 首先将离心泵ⅠP103 入口阀门 VA137 开启,确认关闭电动调节阀 VA145,关闭回水阀 VA127、阀 VA125,关闭离心泵ⅠP103 出、入口压力表控制阀 VA128、阀 VA132 和阀 VA160,然后启动电机。

2. 当离心泵ⅠP103 运转后,全面检查离心泵ⅠP103 的工作状况,检查电机和离心泵ⅠP103 的旋转方向是否一致。

3. 开启回水阀 VA127、阀 VA125,逐渐开大调节阀 VA145,打开离心泵ⅠP103 出、入口压力表控制阀 VA128、阀 VA132 和阀 VA160。

4. 检查电机、离心泵ⅠP103 是否有杂音,是否异常振动,是否有泄漏。

• 离心泵ⅠP103 性能测定

5. 通过调节电动调节阀 VA145 的不同开度(10 组～15 组开度),即调节不同流量,或将涡轮流量计设定到某一数值,待流动稳定后同时读取流量(FIC101)、泵出口处的压强(PI105)、泵入口处的真空度(PI102)、功率(JI101)及水温(TI101)的数据。

• 离心泵ⅠP103 停车操作

6. 关闭离心泵ⅠP103 出、入口压力表控制阀 VA128、阀 VA132 和阀 VA160,逐渐关闭电动调节阀 VA145,关闭回水阀 VA127、阀 VA125。

7. 当离心泵ⅠP103 后面阀门全部关闭后停电机。

8. 离心泵ⅠP103 停止运转后,关闭离心泵ⅠP103 入口阀 VA137,切断电源。

1.4.7 离心泵ⅠP103 和离心泵ⅡP102 并联操作技能训练

1. 打开离心泵ⅠP103 的进水阀 VA137 和离心泵ⅡP102 的进水阀 VA138,打开双泵并联阀 VA130,其余阀门全部关闭。

2. 启动两台离心泵,双泵启动后,打开阀 VA127 和阀 VA125,打开电动调节阀 VA145 调节流量。流量稳定后打开离心泵ⅠP103 入口真空表控制阀 VA132、阀 VA160 和离心泵ⅡP102 入口真空表控制阀 VA133 及泵出口压力表控制阀 VA128。

3. 流体形成从原料罐 V105→阀 VA137/阀 VA138→离心泵ⅠP103/离心泵ⅡP102→阀 VA130→电动调节阀 VA145→涡轮流量计 F105→阀 VA127→阀 VA125→原料罐 V105 的回路。

• 离心泵并联操作特性曲线测定

4. 通过调节电动调节阀 VA145 的不同开度,即调节不同流量,或将涡轮流量计设定到某一数值,待流动稳定后同时读取流量(FIC101)、泵出口处的压强(PI105)、泵入口处的真空度(PI102)、功率(JI101,JI102)及水温(TI101)的数据。

5. 电动阀调节方法:从大流量到小流量依次测取 10～15 组实验数据。

6. 实验结束后,关闭各阀门,停泵,切断电源。

1.4.8 离心泵ⅠP103 和离心泵ⅡP102 串联操作技能训练

1. 打开离心泵ⅡP102 的进水阀 VA138,打开双泵串联阀 VA131,其余阀门全部关闭。

2. 先启动离心泵ⅡP102,再启动离心泵ⅠP103,打开阀 VA125 和阀 VA127,打开电动调节阀 VA145 调节流量。流量稳定后打开离心泵Ⅱ P102 入口真空表控制阀 VA133、阀 VA160 和泵出口压力表控制阀 VA128。

3. 流体形成从原料罐 V105→阀 VA138→离心泵Ⅱ P102→离心泵Ⅰ P103→电动调节阀 VA145→涡轮流量计 F105→阀 VA127→阀 VA125→原料罐 V105 的回路。

·离心泵串联操作特性曲线测定

4. 通过调节电动调节阀 VA145 的不同开度(10 组开度),即调节不同流量,或将涡轮流量计设定到某一数值,待流动稳定后同时读取流量(FIC101)、泵出口处的压强(PI105)、泵入口处的真空度(PI102)、功率(JI101、JI102)及水温(TI101)的数据。

5. 电动阀调节方法:从大流量到小流量依次测取 10~15 组实验数据。

6. 实验结束后,关闭各阀门,停泵,切断电源。

1.4.9　旋涡泵 P104 输送流体操作技能训练

1. 打开合成器上水阀 VA118、合成器回水阀 VA122、旋涡泵 P104 循环阀 VA134、旋涡泵 P104 进水阀 VA135,其余阀门全部关闭。

2. 启动旋涡泵 P104 后检查电机和泵的旋转方向是否一致,然后逐渐打开流量计 FI104 调节阀 VA129,运转中需要经常检查电机、泵是否有杂音,是否异常振动,是否有泄漏。

3. 流体形成从原料罐 V105→阀 VA135→旋涡泵 P104→阀 VA129→转子流量计 FI104→阀 VA118→合成器 V102→阀 VA122→原料罐 V105 的回路。

4. 实验结束后,关闭各阀门,停泵,切断电源。

1.4.10　压缩机输送流体岗位操作技能训练

1. 开车前先检查一切防护装置和安全附件是否完好,确认完好方可开车。

2. 检查各处的润滑油面是否合乎标准。

3. 压力表每年校验一次,贮气罐、导管接头外部检查每年一次,内部检查和水压强度试验三年一次,并要做好详细记录。

4. 机器在运转中或设备有压力的情况下,不得进行任何修理工作。

5. 经常注意压力表指针的变化,禁止超过规定的压力。

6. 在运转中若发生不正常的声响、气味、振动或故障,应立即停车检修。

7. 工作完毕将贮气罐内余气放出。

·实训任务:正确操作压缩机将原料罐 V105 内液体输送到合成器中并达到指定液位(50%)。

1. 空压机开车前按照上述操作规程进行检查,无误后确认关闭所有阀门,然后打开阀门 VA143、VA144、VA142、VA135、VA134、VA129、VA118、VA122。接通电源启动空压机 P105。空压机开始工作后注意观察缓冲罐压力表 PI104 指示值,通过阀门 VA142 调节罐中压力维持在 0.1 MPa,调节阀门 VA129 开度来调节输送流体的流量,由转子流量计 FI104 计量。

2. 流体形成从原料罐 V105→阀 VA135→阀 VA134→阀 VA129→转子流量计 FI104

→阀 VA118→合成器 V102→阀 VA122→原料罐 V105 的回路。

3. 当合成器液位达到指定位置时,关闭压缩机出口阀门 VA143,切断压缩机电源,打开原料罐放空阀 VA147 放出罐内余气。

4. 实验结束后,关闭各阀门,切断电源。

1.4.11 利用真空系统输送流体操作技能训练

• 实训任务:正确操作真空机组,主要操作任务如下:

1. 打开泵 P103 前阀 VA137,打开阀门 VA124、阀门 VA108、阀门 VA125,启动泵 P103,调节电动调节阀 VA145 开度至 50%。

2. 打开阀门 VA123、阀门 VA110 使合成器 V102 中产生真空。打开阀门 VA135、阀门 VA134、阀门 VA129、阀门 VA118 使流体输送到合成器 V102。

3. 当合成器液位达到指定位置时,关闭阀 VA124、阀 VA118,关闭真空机组泵 P106,打开缓冲罐调节阀 VA117 放空真空缓冲罐,关闭泵后各阀门,停泵关泵前阀,打开 V102 回水阀 VA122,切断电源,实验结束。

1.4.12 向高位槽输送流体操作技能训练

• 实训任务:正确向高位槽输送流体并达到指定液位(50%),主要实训过程如下:

1. 打开离心泵Ⅰ P103 进水阀 VA137,打开阀 VA105(或 VA101、VA102、VA103、VA104)、高位槽进水阀 VA106,其余阀门全部关闭。

2. 启动离心泵Ⅰ P103,通过电动调节阀 VA145 调节流量,向高位槽 V101 中注入液体,待高位槽液位接近 50% 时,打开阀门 VA113 和阀门 VA125,控制高位槽液位在 50% 左右。

3. 流体由原料罐 V105→阀 VA137→离心泵Ⅰ P103→电动调节阀 VA145→涡轮流量计 F105→阀 VA105(或 VA101、VA102、VA103、VA104)→阀 VA106 入高位槽 V101→阀 VA113→阀 VA125→原料罐 V105 形成回路。

4. 实验结束后,关闭各阀门,停泵;切断电源。

1.4.13 利用高位槽输送流体操作技能训练

• 实训任务:正确使用高位槽输送流体到合成器中并达到指定液位(50%)。主要实训过程如下:

1. 打开离心泵Ⅰ P103 进水阀 VA137,打开阀 VA102(或 VA101、VA103、VA104、VA105)、VA106、VA111,其余阀门全部关闭。

2. 启动离心泵Ⅰ P103,调节电动调节阀 VA145 调节流量,向高位槽 V101 中注入液体,待高位槽溢流管内有液体流出时调小进入高位槽的流量。

3. 流体由原料罐 V105→阀 VA137→离心泵Ⅰ P103→电动调节阀 VA145→涡轮流量计 F105→阀 VA102→阀 VA106→阀 VA111→原料罐 V105 形成回路。

4. 然后打开阀 VA113、阀 VA115,流体在重力作用下从高位槽 V101 流向合成器 V102,即将达到指定液位时,打开阀 VA122,通过调节阀 VA115 开度调节流量,转子流量计 FI105 记录流量,控制合成器液位保持恒定。

　　5. 实验结束后,关闭各阀门,停泵,切断电源。

1.4.14　自动控制流体流量操作技能训练

　　· 实训任务:正确使用电动调节阀调节流体流量($20 \text{ m}^3/\text{h}$),主要实训过程如下:

　　1. 打开离心泵Ⅰ P103 进水阀 VA137,打开阀 VA127、VA125,其余阀门全部关闭。

　　2. 流体由原料罐 V105→阀 VA137→离心泵Ⅰ P103→电动调节阀 VA145→涡轮流量计 F105→阀 VA127→阀 VA125→原料罐 V105 形成回路。

　　3. 开启离心泵,调节电动调节阀 VA145 开度,将流体流量调到相应流量,然后把流量控制仪表调到自动位置并设置好相应的流量,流量控制仪表根据实际流量按照控制规律,达到控制流体流量的目的。

　　4. 实验结束后,关闭各阀门,停泵,切断电源。

1.4.15　合成器液位自动控制操作技能训练

　　实训任务:应用离心泵Ⅱ P102 电机频率调节将原料罐流体输送到合成器中并保持到指定液位(50%),主要实训过程如下:

　　1. 打开离心泵Ⅱ P102 进水阀 VA138,打开阀 VA127、VA116,待设置为自动后打开阀门 VA120、VA122,其余阀门全部关闭。

　　2. 流体由原料罐 V105→阀 VA138→离心泵Ⅱ P102→阀 VA130→电动调节阀 VA145→涡轮流量计 F105→阀 VA127→阀 VA116→阀 VA122→原料罐 V105 形成回路。

　　3. 启动离心泵Ⅱ,利用合成器液位 LIC102 控制仪表根据合成器液位控制调节离心泵Ⅱ P102 变频器 S2 的频率,以改变电机转数,实现控制合成器液位的目的。当液位达到50%时,将合成器液位 LIC102 控制仪表调成自动状态并设置好相应的液位。

　　4. 实验结束后,关闭各阀门,停泵,切断电源。

1.5　仿真实训注意事项

　　1. 直流数字表操作方法请仔细阅读说明书,待熟悉其性能和使用方法后再进行使用操作。

　　2. 启动离心泵之前必须检查流量调节阀是否关闭。

　　3. 利用压力传感器测量 ΔP 时,应切断关闭平衡阀 VA205 否则将影响测量数值的准确。

　　4. 在实验过程中每调节一个流量之后应待流量和其他所取的数据稳定以后方可记录数据。

　　5. 若之前较长时间未做实验,启动离心泵时应先盘轴转动,否则易烧坏电机。

　　6. 该装置电路采用五线三相制配电,实验设备应良好接地。

　　7. 水质要清洁,以免影响涡轮流量计运行。

1.6 附录及仿真实训数据计算举例

1. 流体阻力测定(以表4第一组数据为例计算)

流量 $Q=15.40(\text{m}^3/\text{h})$,直管压差 $\Delta p=296.74\text{ kPa}$

液体温度 25℃,液体密度 $\rho=997.07\text{ kg/m}^3$,液体粘度 $\mu=0.890\ 4\text{ mPa·S}$。

$$u=\frac{Q}{(\pi d^2/4)}=\frac{15.40}{\pi\times 0.015^2/4}\times\frac{1}{3\ 600}=24.22(\text{m/s})$$

$$Re=\frac{d\rho u}{\mu}=\frac{0.015\times 24.22\times 997.07}{0.000\ 890\ 4}=406\ 816$$

$$\lambda=\frac{2d}{l\rho}\frac{\Delta p_{\text{f}}}{u^2}=\frac{2\times 0.015}{1.7\times 997.07}\frac{296.74\times 10^3}{24.22^2}=0.009\ 0$$

2. 离心泵特性曲线测定(以表7第一组数据为例计算)

涡轮流量计流量读数 $Q=23.38\text{ m}^3/\text{h}$,泵出口比入口高 0.5 m,

泵入口压力 $p_1=-8.86\text{ kPa}$,出口压力 $p_2=163.18\text{ kPa}$,电机功率$=2.32\text{ kW}$

泵进出口管径相同,所以 $u_{\text{入}}=u_{\text{出}}$

$$H=(Z_{\text{出}}-Z_{\text{入}})+\frac{p_{\text{出}}-p_{\text{入}}}{\rho g}+\frac{u_{\text{出}}^2-u_{\text{入}}^2}{2g}=0.5+\frac{(163.18+8.86)\times 10^3}{997.07*9.81}$$

$$=18.09\text{ m}$$

$$N=\text{功率表读数}\times\text{电机效率}=2.32\times 60\%=1.392\text{ kW}$$

$$\eta=\frac{Ne}{N}$$

$$Ne=\frac{HQ\rho}{102}=\frac{18.09\times\left(\frac{23.38}{3\ 600}\right)\times 997.07}{102}=1.148\ 4\text{ kW}$$

$$\eta=\frac{1.148\ 4}{1.392}\times 100\%=82.5\%$$

3. 管路特性曲线测定(计算同 2)

4. 流量计测定(以文丘里流量计第一组数据为例计算)

涡轮流量计:流量计压差:324.64 kPa $Q=19.22\text{ m}^3/\text{h}$

$$u=\frac{19.22}{3\ 600\times 0.785\times 0.05^2}=2.72(\text{m/s})$$

$$Re=\frac{du\rho}{\mu}=\frac{0.05\times 2.72\times 997.07}{0.890\ 4\times 10^{-3}}=152\ 318$$

$$Q=CA_0\sqrt{\frac{2\Delta p}{\rho}}$$

$$C_0=Q/\left(A_0\sqrt{\frac{2\Delta p}{\rho}}\right)=19.22/\left[3\ 600\times\left(\frac{\pi}{4}\right)\times 0.02^2\sqrt{\frac{2\times 324.64\times 1\ 000}{997.07}}\right]=0.666\ 3$$

5. 附数据表和曲线图

表4　直管阻力实验数据表

管径(mm):15			管长(m):1.7		
序号	流量 (m³/h)	直管压差 (kPa)	流速 (m/s)	Re	λ
1	15.4	296.74	24.22	406 816	0.009 0
2	14.07	254.79	22.13	371 682	0.009 2
3	13.7	243.62	21.55	361 908	0.009 3
4	12.9	220.16	20.29	340 774	0.009 5
5	12.11	197.65	19.05	319 905	0.009 6
6	11.31	176.1	17.79	298 772	0.009 9
7	10.51	155.54	16.53	277 639	0.010 1
8	9.7	136	15.26	256 241	0.010 3
9	8.9	117.52	14.00	235 108	0.010 6
10	8.1	100.12	12.74	213 975	0.010 9
11	7.29	83.86	11.46	192 577	0.011 3

15 mm 直管摩擦阻力系数与雷诺准数的关系图

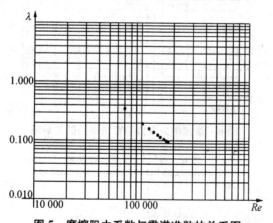

图5　摩擦阻力系数与雷诺准数的关系图

表5　直管阻力实验数据表

管径(mm):25			管长(m):1.7		
序号	流量 (m³/h)	直管压差 (kPa)	流速 (m/s)	Re	λ
1	18.05	91.4	10.22	286 092	0.025 8
2	16.87	81.52	9.55	267 389	0.026 4
3	16.08	75.19	9.10	254 867	0.026 8
4	15.29	69.05	8.66	242 346	0.027 2

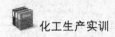

管径(mm):25				管长(m):1.7	
序号	流量 (m³/h)	直管压差 (kPa)	流速 (m/s)	Re	λ
5	14.5	63.1	8.21	229 825	0.027 6
6	14.1	60.21	7.98	223 485	0.027 9
7	13.7	57.37	7.76	217 145	0.028 1
8	12.9	51.85	7.30	204 465	0.028 7
9	12.11	46.55	6.86	191 943	0.029 2
10	11.71	43.98	6.63	185 603	0.029 5
11	11.31	41.48	6.40	179 263	0.029 8
12	10.11	34.3	5.72	160 243	0.030 9

25 mm直管摩擦阻力系数与雷诺准数的关系图

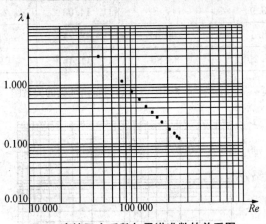

图6 摩擦阻力系数与雷诺准数的关系图

表6 直管阻力实验数据表

管径(mm):40				管长(m):1.7	
序号	流量(m³/h)	直管压差 (kPa)	流速 (m/s)	Re	λ
1	20.48	90.3	4.53	202 880	0.207 7
2	20	86.75	4.42	198 125	0.209 3
3	19.22	81.11	4.25	190 398	0.211 9
4	18.44	75.61	4.08	182 671	0.214 6
5	18.05	72.91	3.99	178 807	0.215 9
6	17.65	70.25	3.90	174 845	0.217 6
7	16.87	65.05	3.73	167 118	0.220 6
8	16.08	60	3.56	159 292	0.223 9

管径(mm):40			管长(m):1.7		
序号	流量(m³/h)	直管压差(kPa)	流速(m/s)	Re	λ
9	15.29	55.09	3.38	151 466	0.227 4
10	14.5	50.35	3.21	143 640	0.231 1
11	14.1	48.04	3.12	139 678	0.233 2
12	13.7	45.77	3.03	135 715	0.235 3

40 mm直管摩擦阻力系数与雷诺准数的关系图

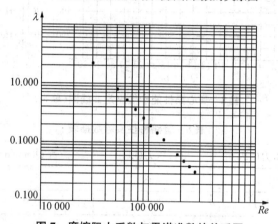

图7　摩擦阻力系数与雷诺准数的关系图

表7　离心泵单泵特性实验数据表

序号	入口压力(kPa)	出口压力(kPa)	电机功率(kW)	流量(m³/h)	压头(m)	泵轴功率(kW)	效率%
1	−8.86	163.18	2.32	23.38	18.09	1.39	82.50
2	−6.78	181.58	2.25	21.44	19.76	1.35	85.20
3	−4.89	198.22	2.18	19.51	21.27	1.31	86.13
4	−3.18	213.04	2.1	17.6	22.61	1.26	85.74
5	−1.64	226.34	2	15.67	23.81	1.20	84.42
6	−0.25	238.08	1.89	13.74	24.87	1.13	81.81
7	0.5	244.36	1.82	12.58	25.43	1.09	79.55
8	1.4	251.82	1.72	11.02	26.10	1.03	75.68
9	2.01	256.73	1.64	9.85	26.54	0.98	72.14
10	2.89	263.59	1.5	7.89	27.15	0.90	64.64
11	3.59	268.78	1.34	5.92	27.61	0.80	55.21
12	4.11	272.27	1.17	3.95	27.92	0.70	42.65
13	4.46	274.05	0.99	1.98	28.06	0.59	25.40

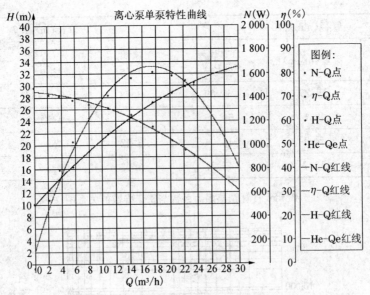

图8 离心泵性能参数测定曲线图（单泵）

表8 管路特性实验数据表

序号	入口压力(kPa)	出口压力(kPa)	流量 Q(m³/h)	压头 H(m)
1	−9.3	158	22	19.01
2	−7.9	142	20.9	17.25
3	−6.8	128	19.8	15.7
4	−5.8	116	18.8	14.36
5	−4.6	103	17.7	12.91
6	−3.6	91	16.6	11.56
7	−2.6	80	15.5	10.32
8	−1.6	70	14.4	9.18
9	−0.7	60	13.2	8.03
10	0.1	51	12.1	6.99
11	0.9	43	11	6.05
12	1.7	36	9.7	5.2
13	2.3	29	8.6	4.37
14	2.8	23	7.4	3.63
15	3.6	17	6.2	2.89
16	4.4	10	3.6	1.9

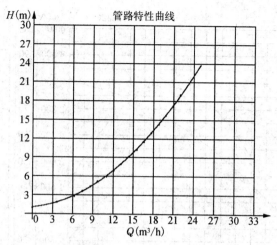

图9 管路性能参数测定曲线图

表9 离心泵性能测定实验数据记录表(双泵串联)

序号	入口压力 (kPa)	出口压力 (kPa)	电机功率 (kW)	流量 (m³/h)	压头 (m)	泵轴功率 (kW)	效率 %
1	−16.05	209.00	4.58	27.29	23.51	2.75	63.39
2	−13.29	258.63	4.53	25.34	28.30	2.72	71.64
3	−10.74	304.31	4.45	23.39	32.71	2.67	77.81
4	−8.38	346.05	4.35	21.44	36.74	2.61	81.94
5	−6.21	383.84	4.22	19.49	40.38	2.53	84.39
6	−4.25	417.68	4.07	17.54	43.64	2.44	85.11
7	−2.48	447.57	3.9	15.59	46.51	2.34	84.14
8	−0.91	473.50	3.69	13.65	49.00	2.21	82.03
9	0.46	495.49	3.47	11.7	51.11	2.08	77.99
10	1.63	513.52	3.21	9.75	52.83	1.93	72.62
11	2.61	527.60	2.94	7.8	54.17	1.76	65.04
12	3.39	537.73	2.64	5.85	55.13	1.58	55.28
13	3.97	543.90	2.31	3.9	55.70	1.39	42.56
14	4.36	546.13	1.96	1.95	55.89	1.18	25.16

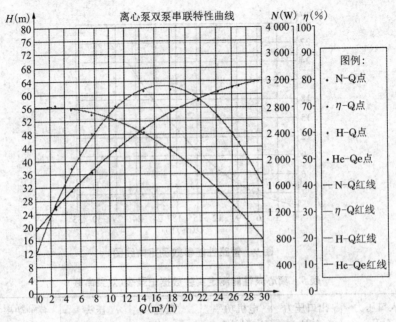

图 10　离心泵性能参数测定曲线图（双泵串联）

表 10　离心泵性能测定实验数据记录表（双泵并联）

序号	入口压力 （kPa）	出口压力 （kPa）	电机功率 （kW）	流量 （m³/h）	压头 （m）	泵轴功率 （kW）	效率 %
1	−1.37	234.62	4.05	29.2	24.63	2.43	80.35
2	−0.71	238.94	3.91	27.28	25.00	2.35	78.94
3	0.51	247.16	3.61	23.39	25.72	2.17	75.41
4	1.07	251.03	3.46	21.44	26.05	2.08	73.07
5	1.59	254.74	3.3	19.49	26.38	1.98	70.51
6	2.07	258.27	3.14	17.54	26.69	1.88	67.48
7	2.51	261.64	2.98	15.59	26.99	1.79	63.91
8	2.91	264.85	2.81	13.65	27.28	1.69	59.97
9	3.28	267.88	2.65	11.7	27.55	1.59	55.05
10	3.61	270.75	2.48	9.75	27.81	1.49	49.48
11	3.9	273.45	2.3	7.8	28.06	1.38	43.06
12	4.15	275.99	2.13	5.85	28.29	1.28	35.16
13	4.36	278.36	1.95	3.9	28.51	1.17	25.81
14	4.54	280.56	1.77	1.95	28.72	1.06	14.32

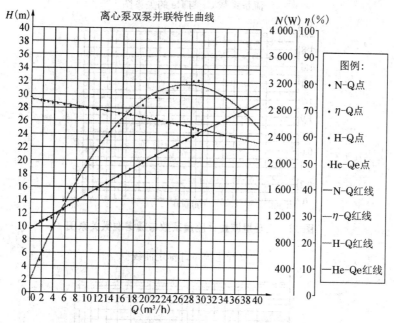

图 11 离心泵性能参数测定曲线图(双泵并联)

表 11 文丘里流量计标定实验数据表

管径(mm):50			喉径(mm):20		
序号	涡轮流量计 (m³/h)	文丘里流量计 压差(kPa)	流速 (m/s)	Re	C_0
1	19.22	324.64	2.72	152 318	0.666 3
2	18.44	299.01	2.61	146 137	0.666 1
3	17.65	274.34	2.50	139 876	0.665 6
4	16.87	250.67	2.39	133 694	0.665 5
5	16.08	228	2.28	127 434	0.665 2
6	15.29	206.35	2.16	121 173	0.664 8
7	14.5	185.69	2.05	114 912	0.664 6
8	13.3	156.66	1.88	105 402	0.663 7
9	12.11	130	1.71	95 972	0.663 4

流量系数 C_0 与 Re 的关系图

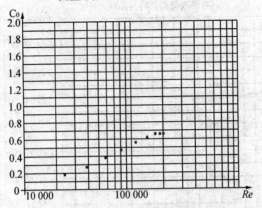

图 12　文丘里流量计流量系数与雷诺准数关系图

文丘里流量计标定曲线

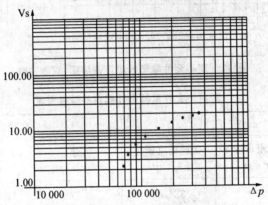

图 13　文丘里流量计标定曲线图

表 12　喷嘴流量计标定实验数据表

	管径(mm):50		孔径(mm):20		
序号	涡轮流量计 (m^3/h)	喷嘴流量计 压差(kPa)	流速 (m/s)	Re	C_0
1	19.22	201.99	2.72	152 318	0.844 7
2	18.05	178.29	2.55	143 046	0.844 4
3	16.87	155.97	2.39	133 694	0.843 7
4	16.08	141.86	2.28	127 434	0.843 3
5	15.29	128.38	2.16	121 173	0.842 9
6	14.1	109.35	2.00	111 742	0.842 2
7	12.9	91.78	1.83	102 232	0.841 1
8	12.11	80.89	1.71	95 972	0.841 0
9	10.11	56.56	1.43	80 122	0.839 7
10	8.1	36.46	1.15	64 192	0.837 9

流量系数 C_0 与 Re 的关系图

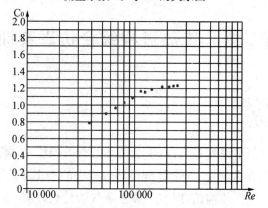

图 14 喷嘴流量计流量系数与雷诺准数关系图

喷嘴流量计标定曲线

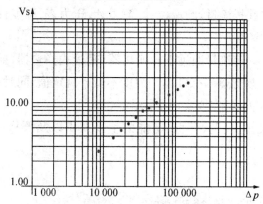

图 15 喷嘴流量计流量标定曲线图

第二章 传热过程综合仿真实训

2.1 仿真实训目的

1. 掌握传热过程的基本原理和流程,学会传热过程的操作,了解操作参数对传热的影响,熟悉换热器的结构与布置情况,学会处理传热过程中的不正常情况;

2. 了解不同种类换热器的构造,以空气和水蒸气为传热介质,可以测定不同种类换热器的总传热系数;

3. 通过对换热器的实验研究,掌握总传热系数 K 的测定方法,加深对其概念和影响因素的理解;

4. 了解实训装置中孔板流量计、液位计、流量计、压力表、温度计等仪表,掌握化工仪表和自动化在传热过程中的应用;

5. 能够控制空气以一定流量通过不同换热器(套管式换热器、蛇形强化管式换热器、列管式换热器、螺旋板式换热器),保证出口温度不低于规定值,同时能够选择适宜的操作方式,并采取正确的操作方法,完成实训指标;

6. 培养学生安全操作、规范、环保、节能的生产意识以及严格遵守操作规程的职业道德。

2.2 仿真实训原理及换热器简介

1. 传热过程基本原理

传热是指由于温度差引起的能量转移,又称热传递。由热力学第二定律可知,凡是有温度差存在时,热量就必然从高温处传递到低温处,因此传热是自然界和工程技术领域中极普遍的一种传递现象。

总传热系数 K 是评价换热器性能的一个重要参数,也是对换热器进行传热计算的依据。对于已有的换热器,可以通过测定有关数据,如设备尺寸、流体的流量和温度等,然后由传热速率方程式(2-1)计算 K 值。传热速率方程式是换热器传热计算的基本关系。在该方程式中,冷、热流体的温度差 ΔT 是传热过程的推动力,它随传热过程冷热流体的温度变化而改变。

传热速率方程式

$$Q = K \times S \times \Delta T_{\mathrm{m}} \tag{2-1}$$

所以对于总传热系数

$$K = C_{\mathrm{P}} \times W \times (T_2 - T_1)/(S \times \Delta T_{\mathrm{m}}) \tag{2-2}$$

式中:Q——热量,W;S——传热面积,m²;

ΔT_{m}——冷热流体的平均温差,℃;K——总传热系数,W/(m²·℃);

C_{P}——比热容,J/(kg·℃);W——空气质量流量,kg/s;

(T_2-T_1)——空气进出口温差,℃。

2. 换热器简介

套管式换热器:是用管件将两种尺寸不同的标准管连接成为同心圆的套管。套管换热器结构简单、能耐高压。

蛇形强化管换热器:在套管内部放一根蛇形强化管来强化传热。蛇形强化管由直径6 mm以下的不锈钢管按一定节距绕成。

列管式换热器:是固定管板式换热器,它是列管换热器的一种。它由壳体、管束、管箱、管板、折流挡板、接管件等部分组成。其结构特点是,两块管板分别焊于壳体的两端,管束两端固定在管板上。它具有结构简单和造价低廉的优点。

螺旋板式换热器:两张薄金属板形成两个同心的螺旋形通道,两板之间焊有定距柱以维持通道间距,在螺旋板两侧焊有盖板。冷热流体分别通过两条通道,通过薄板进行换热。

开车前首先检查管路、各种换热器、管件、仪表、流体输送设备、蒸汽发生器是否完好,检查阀门、分析测量点是否灵活好用。

2.3 仿真实训工艺参数控制

1. 蒸汽压力控制

蒸汽压力是自动控制的过程,其如图1所示。

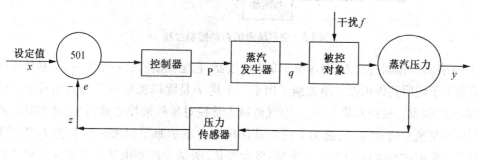

图1 蒸汽压力的自动控制过程

图1表示的控制过程为:图1中501为比较器,它是控制器的一个部分,不是独立的元件,只是为了说明其作用把它单独画了出来。干扰 f 是除蒸汽发生器外其他对压力缓冲罐内蒸汽压力产生影响的因素。被控对象为压力缓冲罐,压力缓冲罐内的蒸汽压力为被控对象的被控变量,它是被控对象压力缓冲罐的一个部分,不是独立的元件,只是为了说明其作用把它单独画了出来。当干扰 f 发生作用时,被控对象的被控变量y(即压力缓冲罐内的蒸汽压力)发生变化,测量元件测出其变化值 z 送到比较器与设定值 x 进行比较,得出偏差 $e=x-z$,控制器根据偏差的大小按事先设定好的控制规律运算后输出一个控制

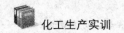

信号 P 给蒸汽发生器,蒸汽发生器根据信号 P 的大小来调整操纵变量 q(蒸汽发生器釜内的加热开关)发生相应的改变,从而使被控对象的输出—被控变量保持稳定。

蒸汽压力是通过仪表 PIC102 控制的,显示蒸汽压力的仪表是 AI501 型显示仪,如图 2 所示,蒸汽压力的控制范围可以设定在 0.05 MPa~0.1 MPa,具体仪表控制操作如下:

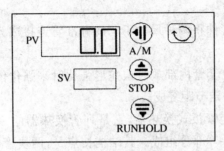

图 2　AI501 数字仪表面板图

仪表上 PV 代表的是实测的数值,SV 代表的是设定的数值。首先按仪表的向左键进入到仪表的参数设定模式,A/M 中 A 代表仪表 SV 值可设定。按上下键设定 SV 的大小。

2. 空气流量控制

空气流量控制过程如图 3 所示。

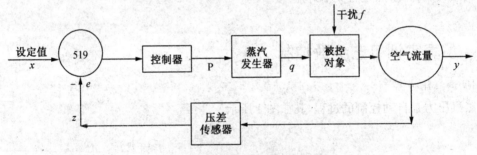

图 3　空气流量的自动控制过程

图 3 表示的控制过程为:图 3 中 519 为比较器,它是控制器的一个部分,不是独立的元件,只是为了说明其作用把它单独画了出来。干扰 f 是除风机变频器外其他对空气流量产生影响的因素。被控对象为空气,空气流量为被控对象的被控变量,它是被控对象的一个部分,不是独立的元件,只是为了说明其作用把它单独画了出来。当干扰 f 发生作用时,被控对象的被控变量 y(即空气流量)发生变化,测量元件测出其变化值 z 送到比较器与设定值 x 进行比较,得出偏差 $e=x-z$,控制器根据偏差的大小按事先设定好的控制规律运算后输出一个控制信号 P 给风机变频器,风机变频器根据信号 P 的大小来调整操纵变量 q(风机频率)发生相应的改变,从而使被控对象的输出—被控变量保持稳定。

控制风机 P101 操作技能举例:控制风机流量有两种方法。

① 手动调节仪表控制流量

首先把所有阀门打开,打开总电源开关,在 PIC101 仪表上手动调节,按仪表的向左键,调节向上向下键调到所需要的流量,稳定一段时间就可以达到所需要的流量。

② 电脑程序控制流量

直接打开电脑传热程序在界面上找到 PIC101 点击它在输入界面上输入所需要的流量,启动风机开关稳定一段时间就可以达到所需要的流量。

3. 固定管板式换热器出口温度控制

出口温度控制过程如图 4 所示。

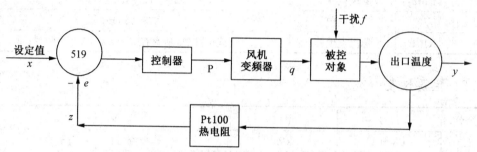

图 4　出口温度的自动控制过程

图 4 表示的控制过程为:图 4 中 519 为比较器,它是控制器的一个部分,不是独立的元件,只是为了说明其作用把它单独画了出来。干扰 f 是除风机变频器外其他对空气出口温度产生影响的因素。被控对象为空气,空气出口温度为被控对象的被控变量,它是被控对象的一个部分,不是独立的元件,只是为了说明其作用把它单独画了出来。当干扰 f 发生作用时,被控对象的被控变量 y(即空气出口温度)发生变化,测量元件测出其变化值 z 送到比较器与设定值 x 进行比较,得出偏差 $e = x - z$,控制器根据偏差的大小按事先设定好的控制规律运算后输出一个控制信号 P 给风机变频器,风机变频器根据信号 p 的大小来调整操纵变量 q(风机频率)发生相应的改变,从而使被控对象的输出—被控变量保持稳定。

控制温度操作技能举例:首先把所有阀门关闭。打开出口阀门,打开总电源开关,打开蒸汽发生器加热开关,待蒸汽冒出即可,以免对数据有影响。控制温度有两种方法:一种是手动仪表控制;一种是电脑操作。列管式换热器空气出口温度范围为 95～100 ℃,实训系统可以在这个范围内控制温度。在 TIC101 仪表上手动调节,按仪表的向左键,调节向上向下键调到所需要的温度或直接打开电脑传热程序在界面上找到点击它到输入界面上输入所需要的温度,启动风机,仪表会自动控制到所需要的温度。

2.4　传热仿真实训主要工艺设备、仪表及阀门

2.4.1　主要设备

序号	位号	名　称	说　明
1	E101	套管式换热器Ⅰ	$L \times d = 1.5 \times 0.05$ m;$S = 0.24$ m²;$\Delta p = 0.25$ kPa
2	E102	蛇管式换热器	$L \times d = 1.5 \times 0.05$ m;$S = 0.24$ m²;$\Delta p = 0.25$ kPa
3	E103	套管式换热器Ⅱ	$L \times d = 1.5 \times 0.05$ m;$S = 0.24$ m²;$\Delta p = 0.25$ kPa

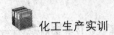
序号	位号	名 称	说 明
4	E104	固定管板式换热器	$L \times d \times n = 1.5 \times 0.021 \times 13$ m;$S = 1.5$ m²;$\Delta p = 0.25$ kPa
5	E105	螺旋板式换热器	$L = 1$ m;$S = 1$ m²;
6	P101	风机 I	YS - 7112,550 W;
7	P102	风机 II	YS - 7112,550 W;
8	V101	分汽包	$\varphi 23 \times 46$ cm;
9	R101	蒸汽发生器	立式电加热,功率有 6 kW 和 12 kW 两种;

2.4.2 主要仪表

序号	位号	单位	说 明
1	PIC101	kPa	孔板流量计 I 两侧压差
2	PIC102	MPa	分汽包压力
3	PI101	MPa	风机 P101 出口压力
4	PI102	kPa	孔板流量计 II 两侧压差
5	TI101	℃	套管换热器 I 空气进口温度
6	TI102	℃	套管换热器 I 蒸汽进口温度
7	TI103	℃	套管换热器 I 蒸汽出口温度
8	TI104	℃	套管换热器 I 空气出口温度
9	TI105	℃	蛇管式换热器空气进口温度
10	TI106	℃	蛇管式换热器蒸汽进口温度
11	TI107	℃	蛇管式换热器蒸汽出口温度
12	TI108	℃	蛇管式换热器空气出口温度
13	TI109	℃	套管换热器 II 空气进口温度
14	TI110	℃	套管换热器 II 蒸汽进口温度
15	TI111	℃	套管换热器 II 蒸汽出口温度
16	TI112	℃	套管换热器 II 空气出口温度
17	TI113	℃	固定管板式换热器空气进口或出口温度
18	TI114	℃	固定管板式换热器蒸汽进口温度
19	TI115	℃	固定管板式换热器蒸汽出口温度
20	TI116	℃	分汽包温度
21	TI117	℃	螺旋板式换热器空气进口温度
22	TI118	℃	螺旋板式换热器空气出口温度
23	TI119	℃	螺旋板式换热器蒸汽进口温度
24	TI120	℃	螺旋板式换热器蒸汽出口温度
25	SIC101	Hz	风机 P101 频率
26	SIC102	Hz	风机 P102 频率

2.4.3 主要阀门

序号	位号	名　　称	序号	位号	名　　称
1	VA101	套管式换热器Ⅰ排气阀	18	VA119	套管式换热器Ⅱ排水阀
2	VA102	套管式换热器Ⅰ空气进口阀	19	VA120	固定管板式换热器蒸汽进口阀
3	VA103	套管式换热器Ⅰ排水阀	20	VA121	固定管板式换热器排气阀之一
4	VA104	套管式换热器Ⅰ蒸汽进口阀	21	VA122	固定管板式换热器排气阀
5	VA105	套管换热器空气出口阀	22	VA123	分汽包排气阀
6	VA106	蛇管式换热器排气阀	23	VA124	固定管板式换热器空气进口阀
7	VA107	蛇管式换热器蒸汽进口阀	24	VA125	固定管板式换热器排气阀之一
8	VA108	蛇管式换热器空气进口阀	25	VA126	风机 P102 出口阀之一
9	VA109	蛇管式换热器排水阀	26	VA127	固定管板式换热器空气进口阀
10	VA110	套管式换热器Ⅱ蒸汽进口阀	27	VA128	蒸汽发生器蒸汽出口阀
11	VA111	固定管板式换热器空气出口阀	28	VA130	风机 P102 出口旁路调节阀
12	VA112	套管式换热器排气阀	29	VA131	螺旋管板式换热器蒸汽进口阀
13	VA114	套管式换热器Ⅱ空气进口阀	30	VA132	螺旋管板式换热器空气进口阀
14	VA115	套管式换热器Ⅱ空气出口阀	31	VA133	蒸汽发生器进水阀门
15	VA117	套管式换热器Ⅱ蒸汽出口阀	32	VA134	疏水阀Ⅰ
16	VA118	套管式换热器Ⅱ排水阀	33	VA135	蒸汽发生器排水阀
17	VA119	套管式换热器Ⅱ排水阀	34	VA136	疏水阀Ⅱ

2.5 仿真实训内容及操作步骤

2.5.1 固定管板式换热器逆流开停车

1. 打开固定管板式换热器 E104 空气进口阀 VA124；

2. 打开阀门 VA126；

3. 打开固定管板式换热器 E104 空气出口阀 VA111；

4. 打开蒸汽发生器的进水阀 VA133,开度大于 50%；

5. 打开蒸汽发生器水蒸气出口阀 VA128；

6. 打开水蒸气进入固定管板式换热器 E104 热物流进口阀 VA120；

7. 打开总电源开关；

8. 分汽包压力控制表 PIC102 设置为自动；

9. 控制分汽包压力 PIC102 为 0.05～0.10 MPa；

10. 打开蒸汽发生器电源开关；

11. 打开蒸汽发生器加热开关,选择加热功率 6 kW 或 12 kW；

12. 待管路蒸汽出口的疏水阀下方有蒸汽冒出,启动风机 P102；

13. TIC101 设置为自动,控制不同的换热器出口温度,等稳定六七分钟后记录

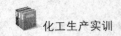
PI102、TI113、TIC101、TI114 和 TI115 的读数;

表 1　固定管板式换热器逆流数据记录表

装置编号	1	2	3	4	5	6	7	8
PI102(kPa)	0.74	1.37	1.94	2.60	3.20	3.98	4.43	5.05
TI113(℃)	25.00	25.00	25.00	25.00	25.00	25.00	25.00	25.00
TIC101(℃)	99.51	92.30	88.80	86.20	84.66	84.28	83.52	82.24
TI114(℃)	126.37	126.84	126.46	126.76	126.79	126.75	126.10	126.68
TI115(℃)	117.41	115.87	114.46	113.13	111.58	111.09	108.00	108.66

14. 记录到七八组数据后,停止蒸汽发生器加热开关;

15. 分汽包压力控制表 PIC102 设置为手动;

16. 打开阀门 VA123,分汽包泄压;

17. 关闭蒸汽发生器电源开关;

18. TIC101 设置为手动;

19. 停止风机 P102 开关;

20. 关闭总电源开关;

21. 关闭蒸汽发生器的进水阀 VA133;

22. 关闭蒸汽发生器水蒸气出口阀 VA128;

23. 关闭水蒸气进入固定管板式换热器 E104 热物流进口阀 VA120;

24. 关闭固定管板式换热器 E104 空气进口阀 VA124;

25. 关闭阀门 VA126;

26. 关闭固定管板式换热器 E104 空气出口阀 VA111;

2.5.2　固定管板式换热器并流开停车

1. 打开固定管板式换热器 E104 空气进口阀 VA127;

2. 打开固定管板式换热器 E104 空气出口阀 VA124;

3. 打开阀门 VA125;

4. 打开蒸汽发生器的进水阀 VA133,开度大于 50%;

5. 打开蒸汽发生器水蒸气出口阀 VA128;

6. 打开水蒸气进入固定管板式换热器 E104 热物流进口阀 VA120;

7. 打开总电源开关;

8. 分汽包压力控制表 PIC102 设置为自动;

9. 控制分汽包压力 PIC102 为 0.05～0.10 MPa;

10. 打开蒸汽发生器电源开关;

11. 打开蒸汽发生器加热开关,选择加热功率 6 kW 或 12 kW;

12. 待管路蒸汽出口的疏水阀下方有蒸汽冒出,启动风机 P102;

13. 调节风机 P102 的出口旁路阀门 VA130,调节孔板流量计Ⅱ的压差 PI102,等稳定

六七分钟后记录 PI102、TI113、TIC101、TI114 和 TI115 的读数;

表 2 固定管板式换热器并流数据记录表

装置编号	1	2	3	4	5	6	7	8
PI102(kPa)	0.76	1.24	1.94	2.47	3.05	3.62	4.43	5.04
TI113(℃)	96.43	90.82	86.53	84.22	81.88	81.18	79.22	78.60
TIC101(℃)	25.00	25.00	25.00	25.00	25.00	25.00	25.00	25.00
TI114(℃)	126.42	126.70	126.59	126.84	126.48	126.19	126.68	125.95
TI115(℃)	117.37	116.84	114.23	113.61	112.88	110.69	110.71	108.25

14. 记录到七八组数据后,停止蒸汽发生器加热开关;

15. 分汽包压力控制表 PIC102 设置为手动;

16. 打开阀门 VA123,分汽包泄压;

17. 关闭蒸汽发生器电源开关;

18. 停止风机 P102 开关;

19. 关闭总电源开关;

20. 关闭蒸汽发生器的进水阀 VA133;

21. 关闭蒸汽发生器水蒸气出口阀 VA128;

22. 关闭水蒸气进入固定管板式换热器 E104 热物流进口阀 VA120;

23. 关闭风机 P102 的出口旁路阀门 VA130;

24. 关闭阀门 VA125;

25. 关闭固定管板式换热器 E104 空气进口阀 VA127;

26. 关闭固定管板式换热器 E104 空气出口阀 VA124;

2.5.3 套管换热器并联开停车

1. 打开套管换热器 E101 的空气进口阀 VA102;

2. 打开套管换热器 E103 的空气进口阀 VA114;

3. 打开套管换热器的空气出口阀 VA105;

4. 打开蒸汽发生器的进水阀 VA133,开度大于 50%;

5. 打开蒸汽发生器水蒸气出口阀 VA128;

6. 打开水蒸气进入套管换热器 E101 热物流进口阀 VA104;

7. 打开水蒸气进入套管换热器 E103 热物流进口阀 VA110;

8. 打开套管换热器出口阀门 VA117;

9. 打开总电源开关;

10. 分汽包压力控制表 PIC102 设置为自动;

11. 控制分汽包压力 PIC102 为 0.05~0.10 MPa;

12. 打开蒸汽发生器电源开关;

13. 打开蒸汽发生器加热开关,选择加热功率 6 kW 或 12 kW;

14. 待管路蒸汽出口的疏水阀下方有蒸汽冒出,启动风机 P101;

15. 孔板流量计 I 压差 PIC101 设置为自动;

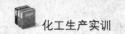

16. 调节孔板流量计 I 压差 PIC101, 等稳定六七分钟后记录 PIC101、TI101、TI102、TI104、TI103、TI109、TI110、TI112 和 TI111 的读数;

表3 套管换热器并联数据记录表

装置编号	1	2	3	4	5	6	7	8
PIC101(kPa)	0.81	1.49	2.09	2.69	3.35	3.99	4.79	5.29
TI101(℃)	25.00	25.00	25.00	25.00	25.00	25.00	25.00	25.00
TI104(℃)	100.92	90.86	85.35	83.45	79.85	78.51	76.19	74.83
TI102(℃)	128.75	128.05	127.39	128.36	127.18	128.84	128.82	128.54
TI103(℃)	118.42	116.07	114.45	114.69	112.62	112.33	111.91	111.41
TI109(℃)	25.00	25.00	25.00	25.00	25.00	25.00	25.00	25.00
TI110(℃)	128.73	127.92	127.13	128.34	126.77	128.85	128.80	128.49
TI112(℃)	100.87	90.77	85.22	83.49	79.86	78.53	76.17	74.79
TI111(℃)	118.39	115.93	114.23	114.70	112.26	112.33	111.87	111.35

17. 记录到七八组数据后,停止蒸汽发生器加热开关;

18. 分汽包压力控制表 PIC102 设置为手动;

19. 打开阀门 VA123, 分汽包泄压;

20. 关闭蒸汽发生器电源开关;

21. PIC101 设置为手动;

22. 停止风机 P101 开关;

23. 关闭总电源开关;

24. 关闭蒸汽发生器的进水阀 VA133;

25. 关闭蒸汽发生器水蒸气出口阀 VA128;

26. 关闭水蒸气进入套管换热器 E101 热物流进口阀 VA104;

27. 关闭水蒸气进入套管换热器 E103 热物流进口阀 VA110;

28. 关闭套管换热器出口阀门 VA117;

29. 关闭套管换热器 E101 的空气进口阀 VA102;

30. 关闭套管换热器 E103 的空气进口阀 VA114;

31. 关闭套管换热器的空气出口阀 VA105;

2.5.4 套管换热器串联开停车

1. 打开套管换热器 E101 的空气进口阀 VA102;

2. 打开套管换热器 E103 的空气出口阀 VA115;

3. 打开蒸汽发生器的进水阀 VA133, 开度大于 50%;

4. 打开蒸汽发生器水蒸气出口阀 VA128;

5. 打开水蒸气进入套管换热器 E101 热物流进口阀 VA104;

6. 打开水蒸气进入套管换热器 E103 热物流进口阀 VA110;

7. 打开套管换热器出口阀门 VA117；

8. 打开总电源开关；

9. 分汽包压力控制表 PIC102 设置为自动；

10. 控制分汽包压力 PIC102 为 0.05～0.10 MPa；

11. 打开蒸汽发生器电源开关；

12. 打开蒸汽发生器加热开关，选择加热功率 6 kW 或 12 kW；

13. 待管路蒸汽出口的疏水阀下方有蒸汽冒出，启动风机 P101；

14. 孔板流量计 I 压差 PIC101 设置为自动；

15. 调节孔板流量计 I 压差 PIC101，等稳定六七分钟后记录 PIC101、TI101、TI102、TI104、TI103、TI109、TI110、TI112 和 TI111 的读数；

16. 记录到七八组数据后，停止蒸汽发生器加热开关；

17. 分汽包压力控制表 PIC102 设置为手动；

18. 打开阀门 VA123，分汽包泄压；

19. 关闭蒸汽发生器电源开关；

20. PIC101 设置为手动；

21. 停止风机 P101 开关；

22. 关闭总电源开关；

23. 关闭蒸汽发生器的进水阀 VA133；

24. 关闭蒸汽发生器水蒸气出口阀 VA128；

25. 关闭水蒸气进入套管换热器 E101 热物流进口阀 VA104；

26. 关闭水蒸气进入套管换热器 E103 热物流进口阀 VA110；

27. 关闭套管换热器出口阀门 VA117；

28. 关闭套管换热器 E101 的空气进口阀 VA102；

29. 关闭套管换热器 E103 的空气出口阀 VA115。

表 4　套管换热串联数据记录表

装置编号	1	2	3	4	5	6	7	8
PIC101(kPa)	0.81	1.49	2.09	2.79	3.41	3.99	4.59	5.24
TI101(℃)	25.00	25.00	25.00	25.00	25.00	25.00	25.00	25.00
TI104(℃)	80.86	73.50	69.74	66.50	65.23	63.92	63.51	62.56
TI102(℃)	127.68	128.62	128.45	127.31	127.83	127.67	128.81	128.57
TI103(℃)	112.57	110.21	109.53	106.90	105.63	103.12	104.87	102.90
TI109(℃)	104.98	98.13	93.97	89.96	88.64	87.04	86.71	85.48
TI110(℃)	127.82	128.71	128.26	127.00	127.76	127.63	128.71	128.48
TI112(℃)	80.89	73.52	69.72	66.47	65.22	63.94	63.49	62.56
TI111(℃)	121.34	119.38	117.98	115.36	114.78	113.04	114.26	112.79

2.5.5 蛇管式换热器开停车

1. 打开蛇管式换热器空气进口阀门 VA108；

2. 打开蒸汽发生器的进水阀 VA133，开度大于 50%；

3. 打开蒸汽发生器水蒸气出口阀 VA128；

4. 打开水蒸气进入蛇管式换热器 E102 热物流进口阀 VA107；

5. 打开总电源开关；

6. 分汽包压力控制表 PIC102 设置为自动；

7. 控制分汽包压力 PIC102 为 0.05～0.10 MPa；

8. 打开蒸汽发生器电源开关；

9. 打开蒸汽发生器加热开关，选择加热功率 6 kW 或 12 kW；

10. 待管路蒸汽出口的疏水阀下方有蒸汽冒出，启动风机 P101；

11. 孔板流量计 I 压差 PIC101 设置为自动；

12. 调节孔板流量计 I 压差 PIC101，等稳定六七分钟后记录 PIC101、TI105、TI108、TI106 和 TI107 的读数；

13. 记录到七八组数据后，停止蒸汽发生器加热开关；

14. 分汽包压力控制表 PIC102 设置为手动；

15. 打开阀门 VA123，分汽包泄压；

16. 关闭蒸汽发生器电源开关；

17. PIC101 设置为手动；

18. 停止风机 P101 开关；

19. 关闭总电源开关；

20. 关闭蒸汽发生器的进水阀 VA133；

21. 关闭蒸汽发生器水蒸气出口阀 VA128；

22. 关闭水蒸气进入蛇管式换热器 E102 热物流进口阀 VA107；

23. 关闭蛇管式换热器空气进口阀门 VA108。

表5 蛇管换热器数据记录表

装置编号	1	2	3	4	5	6	7	8
PIC101(kPa)	0.81	1.49	2.12	2.84	3.34	3.99	4.49	5.22
TI105(℃)	25.00	25.00	25.00	25.00	25.00	25.00	25.00	25.00
TI108(℃)	105.29	99.31	96.39	94.54	93.09	91.99	91.18	90.22
TI106(℃)	125.67	125.97	125.99	126.30	125.48	125.26	125.75	125.22
TI107(℃)	121.75	121.29	120.37	120.19	118.90	118.28	118.53	117.57

2.5.6 螺旋板式换热器开停车

1. 打开螺旋板式换热器空气进口阀门 VA132；

2. 打开蒸汽发生器的进水阀 VA133,开度大于 50%;

3. 打开蒸汽发生器水蒸气出口阀 VA128;

4. 打开水蒸气进入螺旋板式换热器 E105 热物流进口阀 VA131;

5. 打开总电源开关;

6. 分汽包压力控制表 PIC102 设置为自动;

7. 控制分汽包压力 PIC102 为 0.05~0.10 MPa;

8. 打开蒸汽发生器电源开关;

9. 打开蒸汽发生器加热开关,选择加热功率 6 kW 或 12 kW;

10. 待管路蒸汽出口的疏水阀下方有蒸汽冒出,启动风机 P102;

11. 调节风机 P102 的出口旁路阀门 VA130,调节孔板流量计Ⅱ的压差 PI102,等稳定六七分钟后记录 PI102、TI117、TI118、TIC119 和 TI120 的读数;

12. 记录到七八组数据后,停止蒸汽发生器加热开关;

13. 分汽包压力控制表 PIC102 设置为手动;

14. 打开阀门 VA123,分汽包泄压;

15. 关闭蒸汽发生器电源开关;

16. 停止风机 P102 开关;

17. 关闭总电源开关;

18. 关闭蒸汽发生器的进水阀 VA133;

19. 关闭蒸汽发生器水蒸气出口阀 VA128;

20. 关闭水蒸气进入螺旋板式换热器 E105 热物流进口阀 VA131;

21. 关闭风机 P102 的出口旁路阀门 VA130;

22. 关闭螺旋板式换热器空气进口阀门 VA132。

表 6 螺旋板式换热器数据记录表

装置编号	1	2	,3	4	5	6	7	8
PI102(kPa)	0.74	1.34	1.98	2.65	3.25	3.90	4.49	5.23
TI117(℃)	25.00	25.00	25.00	25.00	25.00	25.00	25.00	25.00
TI118(℃)	118.23	115.02	113.70	112.45	111.75	110.79	110.20	109.74
TI119(℃)	126.83	126.61	126.89	126.83	126.34	125.86	126.16	125.70
TI120(℃)	122.66	121.48	120.47	119.24	117.85	116.60	117.19	115.10

2.6 仿真实训数据计算和结果

传热速率方程式:

$$Q = K \times S \times \Delta T_m \qquad (2-1)$$

又根据热量衡算式:

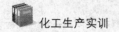

$$Q = C_p \times W \times (T_2 - T_1) \tag{2-2}$$

换热器的面积：
$$S_i = \pi d_i L_i \tag{2-3}$$

式中：d_i——内管管内径，m；

L_i——传热管测量段的实际长度，m；

$$W_m = \frac{V_m \rho_m}{3\ 600}$$

由于压差是由孔板流量计测量的，所以

$$V_{t1} = C_0 \times A_0 \times \sqrt{\frac{2 \times \Delta p}{\rho_{t1}}} \tag{2-4}$$

式中：C_0——孔板流量计孔流系数，$C_0 = 0.7$；

A_0——孔的面积，m^2；

d_0——孔板孔径，$d_0 = 0.017$ m；

Δp——孔板两端压差，kPa；

由于换热器内温度的变化，传热管内的体积流量需进行校正：

$$V_m = V_{t1} \times \frac{273 + t_m}{273 + t_1} \tag{2-5}$$

式中：ρ_{t1}——空气入口温度（即流量计处温度）下密度，kg/m^3；

V_m——传热管内平均体积流量，m^3/h；

t_m——传热管内平均温度，℃；

以固定管板式换热器逆流开停车第一组数据计算为例：压差为 0.74 kPa，空气进口温度 25.0℃，空气出口温度 99.5℃，蒸汽进口温度 126.3℃，蒸汽出口温度 117.4℃。

换热器内换热面积：$S_i = \pi n d_i L_i$，$d = 0.021$ m，$L = 1.5$ m，$n = 13$

$$S = 3.14 \times 0.021 \times 1.5 \times 13 = 1.29 \text{ m}^2$$

体积流量：
$$V_{t1} = C_0 \times A_0 \times \sqrt{\frac{2 \times \Delta p}{\rho_{t1}}}$$

$$C_0 = 0.7, d_0 = 0.017 \text{ m}$$

$$V_{T1} = 0.7 \times 3\ 600 \times 3.14 \times 0.017^2/4 \times (2 \times 0.74 \times 1\ 000/1.185)^{0.5}$$
$$= 20.2 \text{ m}^3/\text{h}$$

校正后得：

$$V_m = V_{t1} \times \frac{273 + t_m}{273 + t_1}$$

$$t_m = (t_1 + t_2)/2 = 20.2 \times (273 + (25.0 + 99.5)/2)/(273 + 25.0)$$
$$= 22.73 \text{ m}^3/\text{h}$$

根据 $t_m = (t_1 + t_2)/2$，查表得密度 $\rho = 1.054$ kg/m^3；

代入公式得：

$$W_m = \frac{V_m \rho_m}{3\,600} = 1.054 \times 22.73/3\,600 = 0.006\,65 \text{ kg/s};$$

查表得 $C_P = 1\,005$ J/kg，根据热量横算式：

$$Q = C_p \times W \times (T_2 - T_1) = 0.006\,65 \times 1\,005 \times (99.5 - 25.0)$$
$$= 497.9 \text{ W}$$

热流体温度	117.4	—	126.3
冷流体温度	25.0	—	99.5
Δt	92.4		26.8

$$\Delta t_m = (\Delta t_2 - \Delta t_1)/\ln(\Delta t_2/\Delta t_1)$$
$$= (92.4 - 26.8)/\ln(92.4/26.8)$$
$$= 53.0 \text{ ℃}$$

由传热速率方程式：$Q = K \times S \times \Delta T_m$
将以上数值代入公式得：

$$K = Q/(S \times \Delta T_m) = 497.9/1.29/53.0$$
$$= 7.28 \text{ W/(m}^2 \cdot \text{℃)}$$

2.7 仿真画面

第三章　二氧化碳吸收与解吸仿真实训

3.1　仿真实训目的

1. 了解吸收—解吸操作基本原理和基本工艺流程；了解填料塔等主要设备的结构特点、工作原理和性能参数；了解液位、流量、压力、温度等工艺参数的测量原理和操作方法。

2. 能够根据工艺要求进行吸收—解吸生产装置的间歇或连续操作；能够在操作中进行熟练调控仪表参数，保证生产维持在工艺条件下正常进行；能实现手动和自动无扰切换操作；能熟练操控 DCS 控制系统。

3. 能根据异常现象分析判断故障种类、产生原因并排除故障。

4. 能够完成吸收过程和解吸过程的性能测定。

3.2　仿真实训原理

气体吸收是典型的传质过程之一。由于二氧化碳气体无味、无毒、廉价，所以选择二氧化碳作为溶质组分，且仿真实训装置采用水吸收二氧化碳组分。二氧化碳在水中的溶解度很小，一般预先将一定的二氧化碳通入空气中混合，以提高二氧化碳的浓度，但水中的二氧化碳浓度依然较低，所以吸收的计算方法按低浓度处理，此体系吸收过程属于液膜控制。解吸或称脱吸是吸收的逆过程，其传质方向与吸收相反，溶质由液相向气相传递，其目的是为了分离吸收后的溶液，使溶液再生并得到回收的溶质。

1. 气体通过填料层的压强降

压强降是塔设计的重要参数，气体通过填料层压强降的大小决定了塔的动力消耗。压强降与气、液流量有关，不同液体喷淋下填料层的压强降 $\Delta p/Z$ 与气速 V 的关系如图 1 所示：

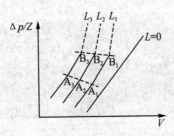

图 1　填料塔压降与空塔气速的关系曲线

当无液体喷淋即喷淋量 $L=0$ 时，干填料的 $\Delta p/Z \sim V$ 的关系曲线是直线，如图中的直线 $L=0$；当有一定的喷淋量时，$\Delta p/Z \sim V$ 的关系变成折线，并存在两个转折点，下转折点称为"载点"，上转折点称为"泛点"。这两个转折点将 $\Delta p/Z \sim V$ 的关系分为三个区域：恒持液量区、载液区与液泛区。

2. 传质性能

吸收系数是决定吸收过程速率高低的重要参数,实验测定是获取吸收系数的根本途径。对于相同的物系及一定的设备(填料类型与尺寸),吸收系数随着操作条件及气液接触情况的不同而变化。

吸收率是测定吸收操作好坏的主要指标,它表示已被吸收的溶质量与气相中原有的溶质量的比,吸收率越大吸收越完全,气体净化度越高。计算公式为:

$$\eta = (Y_1 - Y_2)/Y_1$$

式中:Y_1——表示入塔气体中可吸收组分(CO_2)的摩尔分率。

Y_2——表示出塔气体中可吸收组分(CO_2)的摩尔分率。

3.3　仿真实训工艺流程简述

1. 吸收塔操作流程

进塔空气(载体)由空气泵 P101 提供,进塔二氧化碳(溶质)由钢瓶 D101 提供。二氧化碳气体经转子流量计 F102 计量,与经转子流量计 F103 计量的空气混合后,经 Ⅱ 形管进入吸收塔的底部并向上流动通过填料层,与下降的吸收剂(解吸液)在塔内逆流接触,二氧化碳被水吸收,吸收后的尾气排空。吸收剂(解吸液)由储罐 V102 通过离心泵 P103—流量计 F104—从吸收塔 T101 塔顶进入塔内,并向下流动经过填料层,吸收溶质(二氧化碳)后的吸收液从塔底部进入储罐 V101。

2. 解吸塔操作流程

空气(解吸惰性气体)由风机 P104 提供,经流量计 F106 计量后经 Ⅱ 形管进入解吸塔的底部并向上通过解吸塔,与下降的吸收液逆流接触进行解吸,解吸尾气排空;吸收液储存于储罐 V101 通过离心泵 P102—流量计 F105—从解吸塔 T102 塔顶进入塔内,并向下流动经过填料层,与上升的气体逆流接触解吸其中的溶质(二氧化碳),解吸液从塔底部进入储罐 V102。

3.4　吸收与解吸仿真实训主要工艺设备、阀门及仪表

3.4.1　主要设备

仿真实训工艺中主要设备列于表1。

表1　实训工艺中主要设备

位号	名称	规　格
P101	风机	220 V;450 W;450 L/min
P102	吸收水泵	380 V;250 W;Q:1.2~4.8 m³/h
P103	解吸水泵	380 V;250 W;Q:1.2~4.8 m³/h

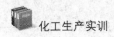

位号	名称	规格
P104	旋涡气泵	380 V;550 W;最大压力＝14 kPa;最大流量＝100 m³/h
T101	吸收塔	填料塔材质玻璃塔 Φ100×2 000;内装不锈钢鲍尔环填料,填料高度 1 750 mm
T102	解吸塔	填料塔材质玻璃塔 Φ100×2 000;内装不锈钢鲍尔环填料,填料高度 1 750 mm
D101	二氧化碳气瓶	GB5019
V101	储罐Ⅰ	不锈钢材质,Φ400×700
V102	储罐Ⅱ	不锈钢材质,Φ400×700
F101	玻璃转子流量计	LZB-6;0.06～0.6 m³/h
F102	玻璃转子流量计	LZB-6;0.06～0.6 m³/h
F103	玻璃转子流量计	LZB-6;0.16～1.6 m³/h
F104	文丘里流量计	LZB-25;40～400 L/h
F105	文丘里流量计	LZB-25;40～400 L/h
F106	文丘里流量计	LZB-6;0.5～5.0 m³/h
E101	加热器	不锈钢;功率 50 kW
AI104	二氧化碳传感器	6 000 ppm 浓度范围;4～20 mA 信号输出
AI105	二氧化碳传感器	6 000 ppm 浓度范围;4～20 mA 信号输出

3.4.2　主要阀门

仿真实训工艺中涉及的主要阀门列于表2。

表2　实训工艺中主要阀门

序号	位号	阀门名称及作用
1	VA101	二氧化碳进气调节阀
2	VA102	二氧化碳进气调节阀
3	VA103	空气进气调节阀
4	VA104	吸收塔塔顶排气调节阀
5	VA105	吸收塔塔底排液调节阀
6	VA106	储罐放空开关阀
7	VA107	吸收液泵进料开关阀
8	VA108	吸收液泵出料开关阀
9	VA109	解吸液泵进料开关阀
10	VA110	解吸液泵出料开关阀
11	VA111	储罐放空开关阀
12	VA112	解吸塔塔顶排气调节阀

序号	位号	阀门名称及作用
13	VA113	解吸塔塔底排液调节阀
14	VA114	解吸气进气开关阀
15	VA115	自来水管开关阀
16	VA116	储罐进水开关阀
17	VA117	储罐进水开关阀
18	VA118	二氧化碳转子流量计前开关阀
19	VA119	旋涡气泵出口气量调节阀
20	FV106	旋涡气泵出口气量电动调节阀

3.4.3　主要仪表

仿真实训工艺中涉及的主要仪表列于表3。

表3　实训工艺中主要仪表

序号	测量参数	仪表位号	检测仪表	显示仪表	执行机构
1	吸收塔压降	PI101	压力传感器(0～20 kPa)	远传	
2	解吸塔压降	PI102	压力传感器(0～20 kPa)	远传	
3	解吸泵出口压力	PI103	压力表(0～0.25 MPa)	就地	
4	吸收泵出口压力	PI104	压力表(0～0.25 MPa)	就地	
5	CO_2流量计	FI101	转子流量计	就地	
6	CO_2流量计	FI102	转子流量计	就地	
7	空气流量计	FI103	转子流量计	就地	
8	吸收液流量	F105	文丘里流量计	就地	变频器 S1
		PIC101	压力传感器(0～20 kPa)	远传	
9	解吸液流量	F104	文丘里流量计	就地	变频器 S2
		PIC102	压力传感器(0～20 kPa)	远传	
10	解吸气流量	F106	文丘里流量计	就地	电动阀
		PIC103	压力传感器(0～20 kPa)	远传	
11	吸收塔尾气浓度	AI101	CO_2浓度传感器	远传	
12	解吸塔尾气浓度	AI102	CO_2浓度传感器	远传	
13	解吸液进塔温度	TIC104	热电阻温度计(0～100℃)	远传	不锈钢加热器
14	吸收气进塔温度	TI105	热电阻温度计(0～100℃)	远传	
15	吸收液进口温度	TI103	热电阻温度计(0～100℃)	远传	
16	解吸气进塔温度	TI106	热电阻温度计(0～100℃)	远传	

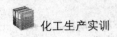

序号	测量参数	仪表位号	检测仪表	显示仪表	执行机构
17	吸收气出口温度	TI101	热电阻温度计(0~100℃)	远传	
18	吸收液出口温度	TI107	热电阻温度计(0~100℃)	远传	
19	解吸液出口温度	TI108	热电阻温度计(0~100℃)	远传	
20	解吸气出口温度	TI102	热电阻温度计(0~100℃)	远传	
21	吸收罐液位	LI101	玻璃液位计	就地	
22	解吸罐液位	LI102	玻璃液位计	就地	

3.4.4　主要工艺参数

仿真实训工艺中涉及的主要工艺参数列于表 4。

表 4　仿真实训工艺中主要工艺参数

序号	名称	正常值	备注
1	吸收塔空气进气流量(m³/h)	0.67	转子流量计示数
2	吸收塔 CO_2 进气流量(m³/h)	0.24	转子流量计示数
3	吸收液流量示数(kg/h)	250	正常开车与吸收率测定实训数值
4	解吸液流量示数(kg/h)	250	正常开车与吸收率测定实训数值
5	解吸气流量示数(m³/h)	1.2~1.4	正常开车与吸收率测定实训数值；填料塔干、湿塔压降测定数值根据阀门开度调整流量示数在 20~50 m³/h
6	吸收塔吸收液进塔温度(℃)	25~30	吸收率测定实训示数
7	解吸塔解吸液进塔温度(℃)	40~45	吸收率测定实训示数
8	吸收塔进气温度(℃)	25	
9	解吸塔进气温度(℃)	25	
10	解吸塔压强降 Δp(kPa)	0.2~2.2	解吸塔干、湿塔流体力学实训根据进气流量压降测定数值
11	吸收塔塔顶 CO_2 摩尔分数 AI101 示数	0.1794	
12	解吸塔塔顶 CO_2 摩尔分数 AI102 示数	0.0783	
13	吸收水泵、解吸水泵频率输入(Hz)	50	正常开车与吸收率测定实训数值
14	电加热器功率输入(kW)	50	

3.5 仿真实训内容及操作步骤

3.5.1 工艺文件准备

能识记吸收、解吸生产过程工艺文件,能识读吸收岗位的工艺流程图、实训设备示意图、实训设备的平面和立面布置图,能绘制工艺配管简图,能识读仪表联锁图,熟悉吸收塔、解吸塔、填料及附属设备的结构和布置。

制定操作记录表格如下:

采集时间(min)					
吸收气进塔温度(℃)					
吸收气出塔温度(℃)					
解吸气进塔温度(℃)					
解吸气出塔温度(℃)					
吸收液进塔温度(℃)					
吸收液出塔温度(℃)					
解吸液进塔温度(℃)					
解吸液出塔温度(℃)					
吸收塔内压差(kPa)					
解吸塔内压差(kPa)					
吸收液泵频率(Hz)					
解吸液泵频率(Hz)					
吸收液流量(kg/h)					
解吸液流量(kg/h)					
吸收气流量(m³/h)					
解吸气流量(m³/h)					
填表人:			填表日期:		

3.5.2 吸收、解吸塔开停车仿真技能训练

(1) 正常开车

1. 开启总电源;

2. 开启原料液储罐 V101、V102 总进水阀 VA115;

3. 开启储罐 V101 进水阀 VA116;

4. 开启储罐 V102 进水阀 VA117;

5. 当储罐 V101 液位大于 50% 后,关闭储罐 V101 进水阀 VA116;

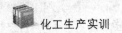

6. 当储罐 V102 液位超过 50%,关闭 VA117;

7. 关闭储罐总进水阀 VA115;

8. 开启吸收水泵 P102 进料阀 VA107;

9. 开启吸收水泵 P102 泵;

10. 设置 FIC102 流量控制 DCS 系统为手动控制,调节吸收水泵 P102 输入频率为 50 Hz;

11. 开启解吸水泵 P103 进料阀 VA109;

12. 开启解吸水泵 P103 泵;

13. 设置 FIC101 流量控制 DCS 系统为手动控制,调节解吸水泵 P103 输入频率为 50 Hz;

14. 开启吸收水泵 P102 出料阀 VA108;

15. 开启解吸水泵 P103 出料阀 VA110;

16. FIC101 流量示数 PV 值稳定后,设置 FIC101 为自动调节控制;

17. FIC102 流量示数 PV 值稳定后,设置 FIC102 为自动调节控制;

18. 开启空气流量计调节阀 VA103,设置开度为 50%;

19. 开启风机 P101;

20. 开启二氧化碳进气阀 VA118 与 VA102,设置 VA102 开度为 50%,或开启 VA101 设置开度为 50%;

21. 开启吸收塔 T101 塔顶出气阀 VA104,设置开度为 50%;

22. 开启解吸塔进气流量调节阀 VA114,设置开度为 1%;

23. 设置流量调节 DCS 控制系统 FIC106 为手动控制,调节支线电动阀 FV106 开度为 50%;

24. 开启旋涡气泵 P104;

25. 开启解吸塔 T102 塔顶排气阀 VA112,设置开度为 50%;

26. 当 FIC106 流量示数 PV 值达到稳定后,设置 FIC106 为自动调节控制;

27. 观察系统运行情况开车完成。

(2) 正常停车

1. 关闭二氧化碳进气控制阀 VA118 与调节阀 VA102 或关闭二氧化碳进气调节阀 VA101;

2. 关闭风机 P101;

3. 关闭空气流量计调节阀 VA103;

4. 关闭吸收水泵 P102 出口阀 VA108;

5. 设置 FIC102 流量控制 DCS 系统为手动控制;

6. 调节吸收水泵 P102 输入频率为 0 Hz;

7. 关闭吸收水泵 P102;

8. 关闭吸收水泵 P102 进口阀 VA107;

9. 关闭解吸水泵 P103 出口阀 VA110;

10. 设置 FIC101 流量控制 DCS 系统为手动控制;

11. 调节解吸水泵 P103 输入频率为 0 Hz；

12. 关闭解吸水泵 P103；

13. 关闭解吸水泵 P103 进口阀 VA109；

14. 关闭旋涡气泵 P104；

15. 关闭解吸塔进气流量调节阀 VA114,将开度调节为 0％；

16. 设置 FIC106 流量控制 DCS 系统为手动控制；

17. 调节支线电动调节阀 FV106 开度为 0 ％；

18. 关闭吸收塔 T101 排气阀 VA104；

19. 关闭解吸塔 T102 排气阀 VA112；

20. 关闭总电源,停车完毕。

3.5.3 离心泵、旋涡气泵等设备开停车仿真技能训练

离心泵开停车仿真技能训练：

1. 开启总电源；

2. 开启界区总进水阀 VA115；

3. 开启 V101 进水阀 VA116；

4. 开启吸收水泵 P102 进口阀 VA107；

5. 开启吸收水泵 P102；

6. 调节吸收水泵 P102 的输入频率为 20 Hz；

7. 开启吸收水泵 P102 出口阀 VA108；

8. 开启解吸塔 T102 塔底排液阀 VA113；

9. 逐步调节吸收水泵 P102 的输入频率,观察 FIC102 的流量示数 PV 值变化,及解吸塔 T102 内的喷淋情况；

10. 关闭吸收水泵 P102 出口阀门 VA108；

11. 调节吸收水泵 P102 的输入频率为 0 Hz；

12. 关闭吸收水泵 P102；

13. 关闭吸收水泵 P102 进口阀 VA107；

14. 关闭 V101 进料阀 VA116；

15. 关闭界区总进水阀 VA115；

16. 关闭解吸塔 T102 塔底排液阀 VA113；

17. 关闭总电源。

旋涡气泵开停车仿真技能训练：

1. 开启总电源；

2. 开启旋涡气泵 P104 出口阀 VA114；

3. 调节旋涡气泵支线流量调节阀 FV106 开度大于等于 50％；

4. 开启旋涡气泵 P104；

5. 开启解吸塔 T102 塔顶排气阀 VA112；

6. 开启旋涡气泵 P104 支线调节阀 VA119,设置开度大于等于 50％；

7. 关闭旋涡气泵 P104 出口阀 VA114；

8. 关闭旋涡气泵支线调节阀 FV106；

9. 关闭旋涡气泵 P104；

10. 关闭旋涡气泵 P104 支线调节阀 VA119；

11. 关闭解吸塔 T102 塔顶排气阀 VA112；

12. 关闭总电源。

3.5.4 解吸塔压降测量仿真技能训练

干填料塔性能测定

1. 开启总电源；

2. 开启解吸塔进气流量调节阀 VA114，设置开度为 50%；

3. 手动调节开启支路电动阀 FV106；

4. 开启旋涡气泵 P104；

5. 开启填料塔 T102 塔顶排气阀 VA112；

6. 调节 FV106 的开度，分别测量不同空气流量下的全塔压降；

7. 根据以上数据填写下表并绘制 $\Delta p/Z \sim V$ 曲线。

解吸塔干填料时 $\Delta p/Z \sim V$ 关系测定

填料层高度 $Z=$　m			塔内径 $D=$　m	
序号	空气流量(m³/h)	空塔气速(m/h)	温度(℃)	填料层压降(kPa)
1				
2				
3				
4				
5				
6				
7				
8				

湿填料塔性能测定

1. 开启总电源；

2. 开启界区水管总阀 VA115；

3. 开启 V101 罐进水阀 VA116；

4. 开启吸收水泵 P102 进料阀 VA107；

5. 开启吸收水泵 P102；

6. 设置 FIC102 流量控制 DCS 系统为手动，调节吸收水泵 P102 输入频率为 41Hz，控制解吸塔液体进料量为 200 L/h(注意储罐 V101 液位高度，当液位过高时适当关闭进水阀 VA116，储罐液位下降后再打开 VA116)；

7. 开启吸收水泵 P102 出口阀 VA108；

8. 开启解吸塔 T102 塔底排液阀 VA113；

9. 开启解吸塔 T102 进气流量调节阀 VA114，设置开度为 50%；

10. 手动调节开启支路电动阀 FV106；

11. 开启旋涡气泵 P104；

12. 开启解吸塔 T102 塔顶排气阀 VA112；

13. 调节 FV106 的开度，分别测量不同空气流量下的全塔压降；

14. 根据以上数据填写下表并绘制 $\Delta P/Z \sim V$ 曲线；

15. 设定不同的解吸塔进料液体流量，调节 FV106 的开度，分别测量不同空气流量下的全塔压降；

解吸塔湿填料时 $\Delta p/Z \sim V$ 关系测定

填料层高度 $Z=$　m		塔内径 $D=$　m　喷淋液流量＝　L/h		
操作现象	空气流量(m³/h)	空塔气速(m/h)	温度(℃)	填料层压降(kPa)
1				
2				
3				
4				
5				
6				
7				
8				

3.5.5　吸收率测定

1. 开启总电源；

2. 开启原料液储罐 V101、V102 总进水阀 VA115；

3. 开启储罐 V101 进水阀 VA116；

4. 开启储罐 V102 进水阀 VA117；

5. 当储罐 V101 液位大于 50% 后，关闭储罐 V101 进水阀 VA116；

6. 当储罐 V102 液位超过 50%，关闭 VA117；

7. 关闭储罐总进水阀 VA115；

8. 开启吸收水泵 P102 进料阀 VA107；

9. 开启吸收水泵 P102 泵；

10. 设置 FIC102 流量控制 DCS 系统为手动控制，调节吸收水泵 P102 输入频率为 50 Hz；

11. 开启解吸水泵 P103 进料阀 VA109；

12. 开启解吸水泵 P103 泵；

13. 设置 FIC101 流量控制 DCS 系统为手动控制，调节解吸水泵 P103 输入频率为 50 Hz；

14. 开启吸收水泵 P102 出料阀 VA108；

15. 开启解吸水泵 P103 出料阀 VA110；

16. 开启解吸塔解吸液进料电加热器；

17. 手动设置进料电加热器加热功率 50 kW；

18. FIC101 流量示数 PV 值稳定后，设置 FIC101 为自动调节控制；

19. FIC102 流量示数 PV 值稳定后，设置 FIC102 为自动调节控制；

20. 解吸塔解吸液进料温度大于 40℃后，切换 TIC104 为自动调节控制；

21. 开启空气流量计调节阀 VA103，设置开度为 50%；

22. 开启风机 P101；

23. 开启二氧化碳进气阀 VA118 与 VA102，设置 VA102 开度为 50%，或开启 VA101 设置开度为 50%；

24. 开启吸收塔 T101 塔顶出气阀 VA104，设置开度为 50%；

25. 开启解吸塔进气流量调节阀 VA114，设置开度为 1%；

26. 设置流量调节 DCS 控制系统 FIC106 为手动控制，调节支线电动阀 FV106 开度为 50%；

27. 开启旋涡气泵 P104；

28. 开启解吸塔 T102 塔顶排气阀 VA112；

29. 当 FIC106 流量示数 PV 值达到 1.3 m^3/h 稳定后，设置 FIC106 为自动调节控制；

30. 观察系统运行稳定后，分别记录空气、CO_2 转子流量计示值并计算吸收塔进气 CO_2 体积分数 Y_1，记录吸收塔尾气中 CO_2 体积分数 Y_2 值；

31. 计算吸收率 η。

填料吸收塔吸收系数测量实验数据表

序号	被吸收的气体：CO_2；吸收剂：水；塔内径：100 mm	
1	塔类型	吸收塔
2	填料种类	
3	填料尺寸(m)	
4	填料层高度(m)	
5	CO_2 转子流量计读数(m^3/h)	
6	气体进塔温度(℃)	
7	空气转子流量计读数(m^3/h)	
8	吸收剂转子流量计读数(m^3/h)	
9	塔底液相温度(℃)	
10	亨利常数 E(10^8 Pa)	
11	Y_1	
12	Y_2	
13	吸收率 η	

3.6　仿真画面

第四章　间歇反应仿真实训

4.1　仿真实训目的

1. 掌握反应过程的基本原理和流程,学会流化床反应器、鼓泡塔反应器、釜式反应器的操作,了解操作参数对反应过程的影响,熟悉各类反应器的结构和工艺用途。

2. 正确使用液位计、流量计、温度计等测量控制仪表;加深了解化工仪表和自动化知识在反应器操作中的应用。

3. 模拟实际生产过程经常出现故障的功能,训练学生掌握以判断故障类型、分析故障原因以及确定排除故障方法到最终动手排除故障的技能。

4.2　间歇反应仿真实训主要工艺设备、阀门及仪表

1. 主要设备

仿真实训工艺中涉及的主要设备列于表1。

表1　仿真实训工艺中的主要设备

序号	位号	名　称
1	V101	产品罐
2	V102	热水罐
3	V103	原料罐
4	R101	釜式反应器
5	R102	流化床反应器
6	R103	鼓泡塔反应器
7	E101	冷凝器
8	E102	旋风分离器
9	P101	热水泵
10	P102	离心泵
11	P103	涡旋气泵
12	P104	压缩机
13	Z101	转子流量计
14	Z102	转子流量计
15	Z103	文丘里流量计
16	Z104	转子流量计
17	Z105	转子流量计

2. 主要阀门

仿真实训工艺中涉及的主要阀门列于表2。

表2 仿真实训工艺中的主要阀门

序号	阀门位号	描 述
1	V01P101	泵 P101 前阀
2	V02P101	泵 P101 后阀
3	V01V102	热水罐进水阀
4	V01R101	转子流量计 Z101 流量控制阀
5	V02R101	转子流量计 Z105 流量控制阀
6	V03R101	转子流量计 Z102 流量控制阀
7	V04R101	釜式反应器进料阀
8	V01R102	流化床反应器放空阀
9	V02R102	旋风分离器出料阀
10	V03R102	转子流量计 Z103 流量控制阀
11	V04R102	漩涡气泵旁路阀
12	V01R103	转子流量计 Z104 流量控制阀
13	V02R103	鼓泡塔反应器进料阀
14	V03R103	鼓泡塔反应器进气阀
15	V04R103	鼓泡塔放空阀
16	V01P102	离心泵入口阀
17	V01V103	原料罐安全阀
18	V02V103	产品罐出料阀
19	V01V101	产品罐安全阀

3. 主要仪表

仿真实训工艺中涉及的主要仪表列于表3。

表3 仿真实训工艺中的主要仪表

仪表位号	单 位	描 述
TIC101	℃	热水罐 V102 内部温度
TIC102	℃	釜式反应器 R101 内部温度
TIC103	℃	流化床加热器温度
LIC101	%	釜式反应器 R101 液位

续　表

仪表位号	单　位	描　　述
PI101	kPa	流化床压差
PI102	kPa	鼓泡塔压差
U101	V	反应釜加热电压
TI101	℃	釜式反应器冷却水出口温度
TI102	℃	鼓泡塔反应器温度
FIC101	m^3/h	流化床反应器进气流量
FI101	L/h	转子流量计 Z101 流量
FI102	L/h	转子流量计 Z102 流量
FI104	m^3/h	转子流量计 Z104 流量
FI105	m^3/h	转子流量计 Z105 流量

4.3　仿真实训内容及操作步骤

4.3.1　釜式反应器操作仿真技能训练

1. 热水罐内温度控制操作技能训练

TIC101 控制系统

热水罐内温度 TIC101 用仪表 AI501L1S4 采用位式控制加热器的通断来实现。控制方式如图 1 所示：

图 1　热水罐内温度自动控制系统方框图

操作步骤：

（1）打开电源总开关、热水罐加热器开关，然后调节仪表 TIC101 的设定温度：按仪表键◁，进入到温度设置，按数据加减键▽、△加减到所需的温度 80℃，然后按下设置键○。

（2）打开阀门 V01V102 向热水罐中补加一定量水以保持热水罐中水的液位在一半以上，然后关闭阀门。

（3）通过热水罐温度达到设定温度时加热器自动停止加热实现位式控制。

2. 釜式反应器搅拌速度调节操作技能训练

（1）打开搅拌机电源开关。

（2）按（数值增减键）▽、△将频率调整为 50 Hz。

（3）点击（参数确定键）ENTER 键确定数值。

（4）按启动键 RUN 启动釜式反应器搅拌电机。

3. 釜式反应器内温度自动控制操作技能训练

釜式反应器 R101 温度控制系统

釜式反应器 R101 的釜内温度,是通过控制热水罐向釜式反应器 R101 输送热水的流量来实现的,即控制热水泵的电机频率来实现。控制方式如图 2 所示:

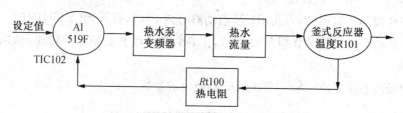

图2 釜式反应器内温度自动控制系统方框图

操作步骤:

（1）首先调节仪表 TIC102 的设定温度。

（2）打开热水泵电源开关,按仪表◁进入温度设置,按数据加减键▽、△加减到所需设定的温度 70℃,然后按下设置键◯,釜式反应器设定温度一定要低于热水罐的设定温度。

（3）打开热水泵前阀、按 RUN 键启动,打开热水泵后阀,开始对釜式反应器进行加热,热水泵由变频器控制会自动调节到设定温度,将温度设定为 70℃。

（4）点击记录数据,记录搅拌频率、釜式反应器温度、加热水温度。

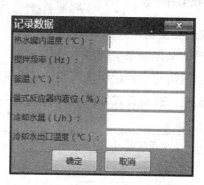

4. 釜式反应器中的液位控制操作技能训练

釜式反应器 R101 液位控制系统

釜式反应器 R101 的釜内液位由控制原料液流量即原料泵 P102 的电机频率来实现。控制方式如图 3 所示:

操作步骤:

（1）设置面板上釜式反应器的液位 LICI101。

（2）打开离心泵电源开关,按仪表◁进入自动设置,按数据加减键▽、△加减到

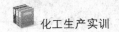

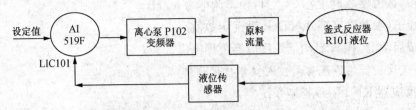

图3 釜式反应器内反应器液位自动控制系统方框图

所需的液位 60% 后按下设置键○。

（3）打开阀门 V01P102,点击 RUN 启动离心泵 P102,打开阀门 V04R101。

（4）全开转子流量计调节阀 V02R101,仪表会自动改变变频器的转速,从而使液位调整到设定值。

（5）记录离心泵 P102 频率、釜式反应器液位等参数。

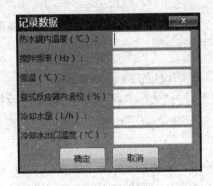

4.3.2 流化床操作仿真技能训练

1. 流化床反应器空气流量测量技能训练

流化床反应器 R102 空气流量控制系统训练

流化床反应器 R102 内空气流量由控制涡旋气泵输送空气流量来实现,即通过调节涡旋气泵 P103 的电机频率来实现。控制方式如图 4 所示：

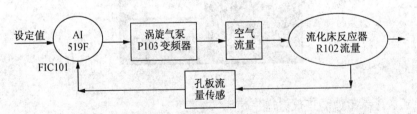

图4 流化床反应器内空气流量自动控制系统方框图

操作步骤：

（1）首先调节仪表 FIC101 的设定空气流量。

（2）打开漩涡气泵电源开关,按仪表◁进入自动设置,按数据加减键▽、△加减到所需的流量 50 m³/h,后按下设置键○。

（3）按启动键 RUN 启动漩涡气泵,全开转子流量计控制阀 V03R102,通过自动控制漩涡气泵电机频率自动调节到设定空气流量。

2. 流化床反应器内温度操作控制技能训练

流化床反应器 R102 内温度控制系统训练

流化床反应器 R102 内的温度由 TIC103 控制预热器加热电压来实现,控制方式如图 5 所示:

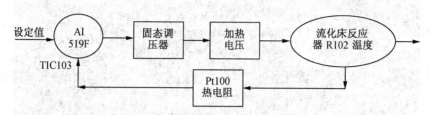

图 5　流化床反应器内温度自动控制系统方框图

操作步骤:

(1) 首先打开总开关、启动流化床加热器开关,开始为空气进行加热。

(2) 然后调节仪表 TIC103 的设定温度,按仪表◁进入自动设置,按数据加减键▽、△加减到所需的温度 70℃然后按下设置键↺。

3. 流化床反应器压降测量技能训练

(1) 检查压差表 PI101 读数是否正常。

(2) 调节 FIC101 的流量为 60 m³/h。

(3) 观察流化床反应器内操作现象,记录各空气流量与对应的反应器内压降。

(4) 改变空气流量分别为 0 m³/h、2 m³/h、10 m³/h、20 m³/h、30 m³/h、40 m³/h、60 m³/h,并分别记录各空气流量下对应的流化床压降。

4.3.3　鼓泡塔操作仿真技能训练

1. 打开总开关、离心泵电源开关。

2. 打开阀门 V01P102,打开阀门 V02R103。

3. 调节离心泵变频器,调节为 50 Hz,点击 ENTER,点击 RUN 启动离心泵 P102。

4. 打开转子流量计的控制阀 V02R101,控制进水流量在 200 L/h。

5. 待鼓泡塔内液位达到 50%左右时,打开阀门 V01V103,然后打开阀门 V03R103 和 V01R103,打开压缩机电源开关,启动压缩机 P104 并通过控制转子流量计 Z104 的控制阀,调节进气量为 50 m³/h 左右。

6. 观察床层内气液两相的流动状态。

7. 等鼓泡塔压差 PI102 稳定后,记录下进气量的压差值。

8. 改变进气量分别为 0 m³/h、2 m³/h、10 m³/h、20 m³/h、30 m³/h、40 m³/h 和 60 m³/h,重复上述操作(做 8 组)。

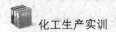化工生产实训

4.4 仿真画面

第五章 精馏仿真实训

5.1 仿真实训目的

1. 认识精馏装置各设备结构特征及其功能。
2. 复习并掌握精馏原理及工艺流程。
3. 掌握精馏装置的开、停车、生产调整及事故处理等操作技能。
4. 通过实训数据的采集和处理,计算精馏塔的理论板数与塔板效率。

5.2 仿真实训原理

精馏分离是根据溶液中各组分相对挥发度(或沸点)的差异,使各组分得以分离,其中较易挥发的称为易挥发组分或轻组分,较难挥发的称为难挥发组分或重组分。它通过汽、液两相的直接接触,使易挥发组分由液相向汽相传递,难挥发组分由汽相向液相传递,是汽、液两相之间的传递过程。

塔板的形式有多种,最简单的一种是板上开有许多小孔(称筛板塔),每层板上都装有降液管,来自下一层($n+1$ 层)的蒸汽通过板上小孔上升,而上一层($n-1$ 层)来的液体通过降液管流到第 n 板上,在第 n 板上汽液两相密切接触,进行热量和质量传递。进出第 n 板的物流有四种:

1. 由第 $n-1$ 层板溢流下来的液体量为 L_{n-1},其组成为 x_{n-1},温度为 t_{n-1};
2. 由第 n 板上升的蒸汽量为 V_n,组成为 y_n,温度为 t_n;
3. 从第 n 板溢流下去的液体量为 L_n,组成为为 x_n,温度为 t_n;
4. 由第 $n+1$ 板上升的蒸汽量为 V_{n+1},组成为 y_{n+1},温度为 t_{n+1};

因此,当组成为 x_{n-1} 的液体及组成为 y_{n+1} 的蒸汽同时进入第 n 板,由于存在温度差和浓度差,汽液两相在第 n 板上密切接触进行传质和传热的结果会使离开第 n 板的汽液两相平衡(如果是理论板,则离开第 n 板的汽液两相成平衡),若汽液两相在板上的接触时间长,接触比较充分,那么离开该板的汽液两相相互平衡,通常称这种板为理论板(y_n 与 x_n 成平衡)。精馏塔中每层板上都进行着与上述相似的过程,其结果是上升蒸汽中易挥发组分浓度逐渐增高,而下降的液体中难挥发组分越来越浓,只要有足够多的塔板数,就可以使混合物达到所要求的分离纯度(共沸情况除外)。

加料板把精馏塔分为两段,加料板以上的塔,即塔上半部分成了上升蒸汽的精制,即除去其中的难挥发组分,因而成为精馏段。加料板以下(包括加料板)的塔,即塔的下半部完成了下降液体中难挥发组分的提浓,降低了易挥发组分含量,因而成为提馏段。一个完整的精馏塔应包括精馏段和提馏段。

精馏段操作方程：$y_{n+1} = \dfrac{R}{R+1}x_n + \dfrac{x_D}{R+1}$

提馏段操作方程：$y'_{m+1} = \dfrac{L}{L-W}x'_m + \dfrac{W}{L-W}x_W$

其中，R 为操作回流比，F 为进料摩尔流率，W 为釜液摩尔流率，L 为提馏段下降液体的摩尔流率，q 为进料热状态参数，部分回流时，进料热状态参数的计算公式为：

$$q = \frac{H_V - H_F}{H_V - H_L} = \frac{C_{pm}(t_{BP} - t_F)}{r_m}$$

式中：t_F——进料温度，℃；

t_{BP}——进料的泡点温度，℃；

C_{pm}——进料液体在平均温度 $(t_F + t_{BP})/2$ 下的比热，J/(mol·℃)；

r_m——进料液体在其组成和泡点温度下的汽化热，J/mol。

$$r_m = x_1 r_1 + x_2 r_2$$

$$C_{pm} = x_1 C_{p1} + x_2 C_{p2}$$

式中：C_{p1}，C_{p2}——分别为纯组分 1 和纯组分 2 在平均温度下的比热容，kJ/(kg·℃)；

r_1，r_2——分别为纯组分 1 和纯组分 2 在泡点下的汽化热，kJ/kg；

x_1，x_2——分别为纯组分 1 和纯组分 2 在进料中的摩尔分率。

精馏操作设计汽、液两相间的传热和传质过程。塔板上两相间的传热速率和传质速率不仅取决于物系的性质和操作条件，而且还与塔板结构有关，因此它们很难用简单方程加以描述。引入理论板概念，可使问题简化。

对于理论板，是指在其上汽、液两相都充分混合，且传热和传质过程阻力为零的理想化塔板。因此不论进入理论板的汽、液两相组成如何，离开该板时汽、液两相达到平衡状态，即两相温度相等，组成相平衡。

通常，由于板上汽、液两相接触面积和接触时间是有限的，因此在任何形式的塔板上，汽、液两相难以达到平衡状态，即理论板是不存在的。理论板仅用作衡量实际板分离效率的依据和标准。通常，在精馏计算中，先求得理论板数，然后利用塔板效率予以修正。

对于二元物系，如已知其汽液平衡数据，则根据精馏塔的原料液组成，进料热状况，操作回流比及塔顶馏出液组成、塔底釜液组成，由图解法或逐板计算法求出该塔的理论板数 N_T。按照下式求出总板效率 E_T，其中 N_P 为实际塔板数。

$$E_T = \frac{N_T}{N_P}$$

5.3 仿真工艺流程简述

典型的连续精馏流程，原料液经预热器加热到指定温度后，进入精馏塔的进料板，在进料板上与来自塔上部下降的回流液体汇合后，逐板溢流，最后流入塔底再沸器中。在每层板上,回流液体与上升蒸汽互相接触,进行热、质传递。操作时,连续的从再沸器取出部分液体作为塔底产品(釜残液),再沸器内部分液体汽化,产生上升蒸汽,依次通过各层塔板。塔顶蒸汽进入冷凝器中被全部冷凝,并将部分冷凝液用泵送回塔顶作为回流液体,其余部分经冷却器被送出作为塔顶产品(馏出液)。

精馏实训原料液为乙醇—水的二元混合液,分离后馏出液为纯度较高的乙醇产品,残液主要是水和少量乙醇组分。原料液经转子流量计 F101 或 F102 控制流量后,从精馏塔 T101 第 14 块塔板(共 14 层板)进料,塔顶蒸汽经冷凝器 E101 冷凝后为液体进入回流罐 V101;回流罐 V101 的液体一部分由回流泵 P101 作为回流液,被送回精馏塔 T101 的塔顶层塔板即第 1 块板,另一部分则为产品其流量有变频器 SIC101 控制。精馏塔 T101 的操作压力由塔顶压力阀 PIC101 控制在常压。

塔釜液体的一部分经再沸器 E103 回精馏塔,另一部分由电磁阀 LV101 作为塔底采出产品,电磁阀 LV101 和 LIC101 构成控制回路,控制精馏塔液位,再沸器用电加热棒加热,加热量由 E103 加热功率控制。

5.4　精馏仿真实训主要工艺设备、阀门及仪表

5.4.1　主要设备

仿真实训工艺中涉及的主要设备列于表1。

表 1　工艺中设备

位号	名称	备　注
T101	精馏塔	筛板塔,共 14 层塔板
P104	进料泵	380 V;50 kW;Q:200～800 L/h
V104	原料液储罐	不锈钢材质,$\Phi 800 \times 1\ 500$ mm
E102	进料预热器	不锈钢材质;电加热,功率 50 kW
E103	塔釜再沸器	不锈钢材质;电加热,功率 50 kW
E101	塔顶冷凝器	管壳式换热器,管程为冷却水
P101	塔顶回流泵	变频控制
P102	塔顶产品采出泵	变频控制
P101	真空泵	变频控制
V101	冷凝液回流罐	钢化玻璃
V103	塔顶产品储罐	不锈钢材质
V105	塔釜产品储罐	不锈钢材质
F101	玻璃转子流量计	LZB－3;0.5～1 000 L/h
F102	玻璃转子流量计	LZB－3;0.5～1 000 L/h

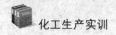

位号	名称	备　注
F103	玻璃转子流量计	LZB-5;0.1～5 m³/h
LI101	翻板液位计	塔釜液位指示
LI102	玻璃液位计	冷凝液回流罐液位指示
LI103	玻璃液位计	塔顶产品储罐液位指示
LI104	玻璃液位计	原料罐液位指示
LI105	玻璃液位计	塔釜产品液位指示

5.4.2　主要阀门

仿真实训工艺中涉及的主要阀门列于表2。

表 2　工艺中阀门

序号	位号	阀门名称及作用
1	VA101	进料泵 P104 进料阀
2	VA102	原料液取样阀
3	VA103	储罐 V104 回流阀
4	VA104	流量计 F101 控制前阀
5	VA105	流量计 F102 调节前阀
6	VA106	精馏塔进料阀
7	VA107	精馏塔进料阀
8	VA108	精馏塔进料阀
9	VA109	精馏塔进料阀
10	VA110	精馏塔进料阀
11	VA111	精馏塔进料阀
12	VA112	精馏塔进料阀
13	VA113	精馏塔进料阀
14	VA114	精馏塔进料阀
15	VA115	储罐 V104 排液阀
16	VA116	塔底排液阀
17	VA117	塔釜排气阀
18	VA118	再沸器 E103 排液阀
19	VA119	塔顶产品储罐排液阀
20	VA120	塔釜产品储罐排液阀
21	VA121	料液总回收阀

序号	位号	阀门名称及作用
22	VA122	塔顶产品储罐排气阀
23	VA123	冷凝液回流罐排液阀
24	VA124	真空罐排气阀
25	FV103	冷却水流量调节阀

5.4.3　主要仪表

仿真实训工艺中涉及的主要仪表列于表3。

表3　工艺中仪表

序号	测量参数	仪表位号	检测仪表	显示仪表
1	冷凝器压力	PI101	压力传感器(−5～20 kPa)	就地/远传
2	塔釜压力	PI102	压力传感器(0～30 kPa)	远传
3	进料液流量计	FI101	转子流量计	就地/远传
4	进料液流量计	FI102	转子流量计	就地/远传
5	冷却水流量计	FI103	转子流量计	就地/远传
6	塔顶轻组分浓度	X_d	乙醇浓度传感器	远传
7	进料液轻组分浓度	X_f	乙醇浓度传感器	远传
8	塔釜轻组分浓度	X_w	乙醇浓度传感器	远传
9	回流比	R	计量值	远传
10	冷凝液回流温度	TI101	热电阻温度计(0～100℃)	远传
11	第1层塔板温度	TI102	热电阻温度计(0～100℃)	远传
12	第2层塔板温度	TI103	热电阻温度计(0～100℃)	远传
13	第3层塔板温度	TI103	热电阻温度计(0～100℃)	远传
14	第4层塔板温度	TI104	热电阻温度计(0～100℃)	远传
15	第5层塔板温度	TI105	热电阻温度计(0～100℃)	远传
16	第6层塔板温度	TI106	热电阻温度计(0～100℃)	远传
17	第7层塔板温度	TI108	热电阻温度计(0～100℃)	远传
18	第8层塔板温度	TI109	热电阻温度计(0～100℃)	远传
19	第9层塔板温度	TI110	热电阻温度计(0～100℃)	远传
20	第10层塔板温度	TI111	热电阻温度计(0～100℃)	远传
21	第11层塔板温度	TI112	热电阻温度计(0～100℃)	远传
22	第12层塔板温度	TI113	热电阻温度计(0～100℃)	远传
23	第13层塔板温度	TI114	热电阻温度计(0～100℃)	远传

序号	测量参数	仪表位号	检测仪表	显示仪表
24	第14层塔板温度	TI115	热电阻温度计(0～100℃)	远传
25	塔釜温度	TI116	热电阻温度计(0～100℃)	远传
26	再沸器E103温度	TI117	热电阻温度计(0～100℃)	远传
27	冷却水上水温度	TI118	热电阻温度计(0～100℃)	远传
28	冷却水回水温度	TI119	热电阻温度计(0～100℃)	远传
29	第19层塔板温度	TI108	热电阻温度计(0～100℃)	远传
30	塔釜液位	LI101	翻板液位计	就地/远传
31	回流罐液位	LI102	玻璃液位计	就地/远传
32	塔顶产品储罐液位	LI103	玻璃液位计	就地/远传
33	原料罐液位	LI104	玻璃液位计	就地/远传
34	塔釜产品储罐液位	LI105	玻璃液位计	就地/远传

5.4.4　主要工艺参数

主要工艺指标列于表4。

表4　主要工艺指标

序号	名称	正常值	备注
1	填料塔进料流量(kg/h)	500～600	转子流量计示数
2	冷却水流量(m³/h)	3～5	转子流量计示数
3	塔釜压力(kPa)	3～15	随加热功率变化
4	塔顶冷凝器压力(kPa)	−5	
5	冷凝液回流温度(℃)	75	
6	冷却水上水温度(℃)	20	
7	冷却水回水温度(℃)	40～45	
8	塔顶轻组分摩尔分数 X_d	82.68	$R=3$
9	进料轻组分摩尔分数 X_f	7.98	$R=3$
10	塔釜轻组分摩尔分数 X_w	1.55	$R=3$
11	回流泵P101频率(Hz)	50	$R=3$
12	采出泵P102频率(Hz)	50	$R=3$
13	再沸器功率输入(kW)	50	
14	预热器功率输入(kW)	50	
15	塔釜温度 TI116(℃)	97	
16	第1层塔板温度 TI112(℃)	78	

5.5 仿真实训内容及操作步骤

5.5.1 控制点及控制方式

1. 塔釜加热功率控制

控制方式为 PID 控制,被控对象为再沸器 E103,当塔内出现液泛现象,或全回流时塔顶冷凝液没办法全部回流时,可将加热功率减小保证全塔的正常操作。具体操作:在实验软件中点击再沸器 E103 加热功率的调节表,将输入功率值降低至全塔操作正常为止。当塔内出现漏液现象,或回流罐内没有回流液时,将加热功率加大,以保证全塔的正常操作。具体操作:在实验软件中点击再沸器 E103 加热功率的调节表,将输入功率值升高至全塔操作正常为止。

2. 塔釜液位控制

控制方式为 PID 控制,被控对象为塔釜液位,执行对象为 LV101,当塔釜液位过高时增大 LV101 开度,当塔釜液位过低时减少 LV101 开度,控制塔釜液位在 30% 左右。

3. 进料预热器控制

控制方式为 PID 控制,被控对象为精馏塔进料液温度,通过调节预热器 E102 加热功率控制进料液温度,根据进料塔板对温度的要求,调整预热器 E102 加热后料液温度。

4. 精馏塔塔顶压力控制

控制方式为 PID 控制,被控对象为精馏塔塔顶压力,通过变频调节真空泵 P103 的功率输出调整塔顶冷凝器压力进而控制精馏塔塔顶压力。

5.5.2 正常开车

1. 开启总电源;

2. 开启精馏塔进料泵 P104 进料阀 VA101;

3. 开启精馏塔进料泵 P104;

4. 开启流量计 F102 前阀 VA105,设置开度为 50%;或开启流量计 F101 前阀 VA104;

5. 开启精馏塔第 14 层塔板进料阀 VA114;

6. 开启精馏塔进料预热器 E102;

7. 调节进料预热器加热控制系统 TIC101 输出 OP 值为 50,设置进料预热器 E102 加热功率为 50 kW;

8. 塔釜液位 LI101 超过 20% 后,开启塔釜再沸器 E103;

9. 调节再沸器 E103 控制表的 PV 值为 50,点击 ENTER 键,设置塔釜再沸器 E103 加热功率为 50 kW;

10. 精馏塔进料温度达到 90℃后,设置 TIC101 为自动控制;

11. 塔顶温度 TI102 开始上升时,开启塔顶冷凝器冷却水进料阀 FV103,设置开度为 50%;

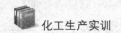

12. 塔顶温度 TI102 开始上升时,开启真空泵 P103;

13. 调节塔顶冷凝器真空度控制系统 PIC101 输出 OP 值为 50,设置真空泵输入频率为 50 Hz;

14. 缓冲罐 V102 压力表 PI101 显示－5 kPa 后,设置 PIC101 为自动控制;

15. 冷凝液回流罐 V101 有液位后,启动回流泵 P101;

16. 调节回流泵 P101 控制表的 PV 值为 50,点击 ENTER 键,设置回流泵 P101 输入频率为 50 Hz;

17. 冷凝液回流罐 V101 有液位后,启动采出泵 P102;

18. 调节采出泵 P102 控制表的 PV 值为 50,点击 ENTER 键,设置采出泵 P102 输入频率为 50 Hz;

19. 塔顶产品储罐 V103 有液位后,开启塔顶产品出料阀 VA119;

20. 开启塔顶塔底产品总回收阀 VA121;

21. 开启回流泵 P101 塔顶冷凝液开始回流后,手动调节塔釜液位控制系统 LIC101 输出 OP 为 50,开启电动阀 LV101;

22. 开启塔釜产品储罐排料阀 VA120;

23. 塔釜液位控制系统 LIC101 液位示数 PV 值到达 30% 左右后,设置 LIC101 为自动调节控制塔釜液位。

5.5.3　正常停车

1. 设置进料预热器加热控制系统 TIC101 为手动控制;

2. 调节进料预热器加热控制系统 TIC101 输出 OP 值为 0,设置进料预热器 E102 加热功率为 0 kW;

3. 关闭进料预热器 E102;

4. 调节再沸器 E103 控制表的 PV 值为 0,点击 ENTER 键,设置塔釜再沸器 E103 加热功率等于 0 kW;

5. 关闭塔釜再沸器 E103;

6. 关闭流量计 F102 流量调节阀 VA105,设置开度等于 0;或关闭流量计 F101 流量控制阀 VA104;

7. 关闭精馏塔进料泵 P104;

8. 关闭精馏塔进料泵 P104 进料阀 VA101;

9. 关闭精馏塔第 14 层塔板进料阀 VA114;

10. 设置塔釜液位控制系统 LIC101 为手动控制;

11. 调节塔釜液位控制系统 PIC101 输出 OP 值为 0,设置 LV101 开度为 0%;

12. 调节采出泵 P102 控制表的 PV 值为 0,点击 ENTER 键,设置采出泵 P102 输入频率等于 0 Hz;

13. 关闭采出泵 P102;

14. 调节回流泵 P101 控制表的 PV 值为 0,点击 ENTER 键,设置回流泵 P101 输入频率等于 0 Hz;

15. 关闭回流泵 P101；

16. 设置塔顶冷凝器真空度控制系统 PIC101 为手动控制；

17. 调节塔顶冷凝器真空度控制系统 PIC101 输出 OP 值为 0，设置真空泵 P103 输入频率为 0 Hz；

18. 关闭真空泵 P103；

19. 塔顶产品储罐 V103 液位为 0 时，关闭塔顶产品出料阀 VA119；

20. 关闭冷却水上水阀 FV103；

21. 开启塔釜排料阀 VA118；

22. 塔釜产品储罐 V105 液位为 0 后，关闭塔釜产品储罐 V105 排料阀 VA120；

23. 塔釜液位与塔釜产品储罐 V105 液位为 0 后，关闭塔釜排料阀 VA118 与总回收阀 VA121；

24. 关闭总电源。

5.5.4　全回流操作

1. 开启总电源；

2. 开启精馏塔进料泵 P104 进料阀 VA101；

3. 开启精馏塔进料泵 P104；

4. 开启流量计 F102 前阀 VA105，设置开度为 50%；或开启流量计 F101 前阀 VA104；

5. 开启精馏塔第 14 层塔板进料阀 VA114；

6. 开启精馏塔进料预热器 E102；

7. 调节进料预热器加热控制系统 TIC101 输出 OP 值为 50，设置进料预热器 E102 加热功率为 50 kW；

8. 塔釜液位 LI101 超过 20% 后，开启塔釜再沸器 E103；

9. 调节再沸器 E103 控制表的 PV 值为 50，点击 ENTER 键，设置塔釜再沸器 E103 加热功率为 50 kW；

10. 精馏塔进料温度达到 90℃ 后，设置 TIC101 为自动控制；

11. 塔顶温度 TI102 开始上升时，开启塔顶冷凝器冷却水进料阀 FV103，设置开度为 50%；

12. 塔顶温度 TI102 开始上升时，开启真空泵 P103；

13. 调节塔顶冷凝器真空度控制系统 PIC101 输出 OP 值为 50，设置真空泵输入频率为 50 Hz；

14. 缓冲罐 V102 压力表 PI101 显示 −5 kPa 后，设置 PIC101 为自动控制；

15. 冷凝液回流罐 V101 有液位后，启动回流泵 P101；

16. 调节回流泵 P101 控制表的 PV 值为 50，点击 ENTER 键，设置回流泵 P101 输入频率为 50 Hz；

17. 开启塔顶回流泵 P101 塔顶产品开始回流后，设置 TIC101 为手动控制；

18. 调节进料预热器加热控制系统 TIC101 输出 OP 值为 0，设置进料预热器 E102 加

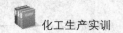

热功率为 0 kW;

19. 关闭精馏塔进料预热器 E102;

20. 开启塔顶回流泵 P101 塔顶产品开始回流,关闭进料预热器 E102 后,关闭精馏塔侧线进料阀 VA114;

21. 关闭流量计 F102 前阀 VA105,设置开度为 0%;或关闭流量计 F101 前阀 VA104;

22. 关闭精馏塔进料泵 P104;

23. 关闭精馏塔进料泵 P104 后,关闭进料泵 P104 进料阀 VA101;

24. 记录塔顶轻组分摩尔分数 X_d 值与塔釜轻组分摩尔分数 X_w 值,进行数据处理与图解法求理论板。

5.5.5 部分回流操作

1. 开启总电源;

2. 开启精馏塔进料泵 P104 进料阀 VA101;

3. 开启精馏塔进料泵 P104;

4. 开启流量计 F102 前阀 VA105,设置开度为 50%;或开启流量计 F101 前阀 VA104;

5. 开启精馏塔第 14 层塔板进料阀 VA114;

6. 开启精馏塔进料预热器 E102;

7. 调节进料预热器加热控制系统 TIC101 输出 OP 值为 50,设置进料预热器 E102 加热功率为 50 kW;

8. 塔釜液位 LI101 超过 20% 后,开启塔釜再沸器 E103;

9. 调节再沸器 E103 控制表的 PV 值为 50,点击 ENTER 键,设置塔釜再沸器 E103 加热功率为 50 kW;

10. 精馏塔进料温度达到 90℃ 后,设置 TIC101 为自动控制;

11. 塔顶温度 TI102 开始上升时,开启塔顶冷凝器冷却水进料阀 FV103,设置开度为 50%;

12. 塔顶温度 TI102 开始上升时,开启真空泵 P103;

13. 调节塔顶冷凝器真空度控制系统 PIC101 输出 OP 值为 50,设置真空泵输入频率为 50 Hz;

14. 缓冲罐 V102 压力表 PI101 显示 -5 kPa 后,设置 PIC101 为自动控制;

15. 冷凝液回流罐 V101 有液位后,启动回流泵 P101;

16. 调节回流泵 P101 控制表的 PV 值为 50,点击 ENTER 键,设置回流泵 P101 输入频率为 50 Hz;

17. 冷凝液回流罐 V101 有液位后,启动采出泵 P102;

18. 调节采出泵 P102 控制表的 PV 值为 50,点击 ENTER 键,设置采出泵 P102 输入频率为 50 Hz;

19. 塔顶产品储罐 V103 有液位后,开启塔顶产品出料阀 VA119;

20. 开启塔顶塔底产品总回收阀 VA121；

21. 开启回流泵 P101 塔顶冷凝液开始回流后，手动调节塔釜液位控制系统 LIC101 输出 OP 为 50，开启电动阀 LV101；

22. 开启塔釜产品储罐排料阀 VA120；

23. 塔釜液位控制系统 LIC101 液位示数 PV 值到达 30％左右后，设置 LIC101 为自动调节控制塔釜液位；

24. 记录进料温度 TIC101 当前温度 PV 值示数，记录进料轻组分摩尔分数 X_f 值；记录塔顶轻组分摩尔分数 X_d 值与塔釜轻组分摩尔分数 X_w 值，进行数据处理与图解法求理论板。

5.6　数据处理

1. 训操作条件的基本参数。

实验日期　　年　　月　　日

水温　　℃ 室温　　℃ 气压　　kPa

2. 实训过程中测得的数据并进行数据整理。

填表人：	全回流	部分回流($R=$)
塔顶温度(℃)		
塔釜温度(℃)		
回流液温度(℃)		
冷却水入口温度(℃)		
冷却水出口温度(℃)		
塔釜再沸器加热功率(kW)		
塔釜液位(％)		
塔釜压力(kPa)		
塔顶压力(kPa)		
回流泵频率(Hz)		
采出泵频率(Hz)		
进料温度(℃)		
进料流量(L/h)		
塔顶轻组分摩尔分数 X_d		
塔釜轻组分摩尔分数 X_w		
进料轻组分摩尔分数 X_f		

3. 数据处理与计算

乙醇-水体系泡点温度与进料浓度的关系：

$$t_{BF} = -837.06X_f^3 + 678.96X_f^2 - 185.35X_f + 99.371$$

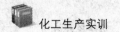

在 $X_F = 0.07985$ 下泡点温度：

$t_{BF} = 88.47 ℃$

平均温度：

$$t = (t_{BF} + t_F)/2 = (88.47 + 90)/2 = 89.24℃$$

由附录 1 查得乙醇在 89.24℃下的比热：

$$C_{p1} = 3.14 \ kJ/(kg \cdot K);$$

汽化潜热：

$$r_1 = 815.79 \ kJ/kg$$

由附录 2 与附录 3 查得,水在 89.24℃下的比热：

$$C_{p1} = 4.202 \ kJ/(kg \cdot K);$$

汽化潜热：

$$r_1 = 2282.8 \ kJ/kg$$

由混合液体比热计算公式：

$$C_{pm} = x_1 C_{p1} + x_2 C_{p2}$$

得：

$$C_{pm} = 3.14 \times 46 \times 0.07985 + 4.202 \times 18 \times (1 - 0.07985) = 81.13 \ kJ/(kg \cdot K)$$

由混合液体汽化潜热计算公式：

$$r_m = x_1 r_1 + x_2 r_2$$

得：

$$r_m = 815.79 \times 46 \times 0.07985 + 2282.8 \times 18 \times (1 - 0.07985) = 40805.81 \ kJ/kg$$

由 q 值计算公式：

$$q = \frac{C_{pm}(t_{BP} - t_F)}{r_m}$$

得：

$$q = (81.13 \times (88.47 - 90) + 40805.81)/40805.81 = 0.997$$

则 q 线斜率 $= q/(q-1) = -332$

根据 q 线方程：

$$y = \frac{q}{q-1}x - \frac{x_F}{q-1}$$

精馏段操作方程：

$$y_{n+1} = \frac{R}{R+1}x_n + \frac{x_D}{R+1}$$

提馏段操作方程：

$$y'_{m+1} = \frac{L}{L-W}x'_m - \frac{W}{L-W}x_w$$

以及仿真实训得出的塔顶轻组分摩尔分数 X_D、塔釜轻组分摩尔分数 X_w、进料轻组分摩尔分数 X_F在：图1中分别做出精馏段操作线方程、提馏段操作线方程、q 线方程，进而通过图解法在 x-y 曲线以及操作线方程间逐级画梯级得出梯级数即理论板数 N_T。

通过公式：

$$E_T = \frac{N_T}{N_P}$$

得出全塔塔板效率（$N_P = 14$）。

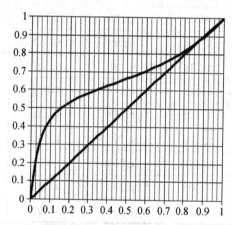

图 1　乙醇-水体系的 x-y 图

附录1：乙醇的汽化潜热与热容表

温度	汽化热 kJ/kg	热容 kJ/(kg·K)
0	985.29	2.23
10	969.66	2.3
20	953.21	2.38
30	936.03	2.46
40	918.12	2.55
50	899.31	2.65
60	879.77	2.76
70	859.32	2.88
80	838.05	3.01
90	815.79	3.14
100	792.52	3.29

附录 2:水的比热容表

温度℃	压强,MPa					
	常压	1	10	20	30	40
0	4.216	4.210	4.166	4.256	3.836	5.404
10	4.191	4.188	4.158	4.251	3.833	5.398
20	4.183	4.179	4.154	4.251	3.8330	5.396
30	4.178	4.176	4.154	4.251	3.837	5.404
40	4.178	4.176	4.158	4.255	3.846	5.416
50	4.178	4.177	4.162	4.259	3.854	5.246
60	4.183	4.181	4.166	4.264	3.857	5.431
70	4.187	4.184	4.175	4.272	3.862	5.435
80	4.195	4.194	4.183	4.277	3.869	5.448
90	4.204	4.202	4.191	4.285	3.873	5.454
100	4.212	4.210	4.208	4.294	3.885	5.466
110	4.237	4.234	4.221	4.307	3.892	5.484
120	4.245	4.243	4.242	4.324	3.908	5.500
130	4.258	4.258	4.262	4.342	3.924	5.520
140	4.275	4.275	4.283	4.363	3.939	5.542
150	4.287	4.288	4.283	4.385	3.955	5.564
160	4.304	4.308	4.309	4.406	3.979	5.594
170	4.317	4.323	4.338	4.432	3.998	5.622

附录 3:水的汽化潜热表

压力/Mpa	温度/℃	汽化潜热 kJ/kg	压力/MPa	温度/℃	汽化潜热 kJ/kg
0.001	6.949 1	2 484.1	0.09	96.712	2 265.3
0.002	17.540 3	2 459.1	0.1	99.634	2 257.6
0.003	24.114 2	2 443.6	0.12	104.81	2 243.9
0.004	28.953 3	2 432.2	0.14	109.318	2 231.8
0.005	32.879 3	2 422.8	0.16	113.326	2 220.9
0.006	36.166 3	2 415	0.18	116.941	2 210.9
0.007	38.996 7	2 408.3	0.2	120.24	2 201.7
0.008	41.507 5	2 402.3	0.25	127.444	2 181.4
0.009	43.790 1	2 396.8	0.3	133.556	2 163.7
0.01	45.798 8	2 392	0.35	138.891	2 147.9
0.015	53.970 5	2 372.3	0.4	143.642	2 133.6

压力/Mpa	温度/℃	汽化潜热 kJ/kg	压力/MPa	温度/℃	汽化潜热 kJ/kg
0.02	60.065	2 357.5	0.5	151.867	2 108.2
0.025	64.972 6	2 345.5	0.6	158.863	2 086
0.03	69.104 1	2 335.3	0.7	164.983	2 066
0.04	75.875	2 318.5	0.8	170.444	2 047.7
0.05	81.338 8	2 304.8	0.9	175.389	2 030.7
0.06	85.949 6	2 293.1	1	179.916	2 014.8
0.07	89.955 6	2 282.8	1.1	184.1	1 999.9
0.08	93.510 7	2 273.6	1.2	187.995	1 985.7

5.7 仿真画面

第二部分　化工生产实训现场操作

第六章　化工管路拆装实训

6.1　实训目的

1. 理解和掌握流体流动与输送过程的相关原理和流程,掌握离心泵、手动加压泵、阀门、8字盲板、仪表等操作技能及管路拆装规范操作。

2. 熟练使用管道拆装和试漏设备及工具的基本技能,完成工业流体流动与输送操作任务,能够独立处理流体流动与输送操作中出现的各种问题,解决操作中的工艺难题,在工艺革新和技术改革方面具备一定的资源分配能力。

3. 训练学员在规定的时间内完成实训任务。同时,能够根据化工正常生产中流体流动在达不到输送要求时,学会判断事故出现的原因并能及时处理,对出现事故的管路能够独立进行拆卸、检修并最终装配完成,使整个管路恢复到正常状态。

6.2　实训内容

1. 能识读、绘制化工管路装置图,正确使用工具进行管线组装、仪表连接、管道试压等。了解并掌握流量计、压力表、真空表的结构和使用方法。

2. 根据提供的流体输送管线流程图,准确填写安装管线所需管道、管件、阀门的规格型号及数量等的材料清单,按照材料清单正确领取所需材料,准确列出组装管线所需的工具和易耗品等,正确领取工具和易耗品。完成离心泵的启动、试车、流量调节、异常现象的处理及停车操作。

3. 完成化工管路中流体流动出现异常现象的排除操作(如管路堵塞、流量增大或减小、离心泵停止工作,离心泵发生汽蚀、管路漏水等故障)。

4. 完成离心泵的启动、试车、流量调节、异常现象的处理及停车操作。

5. 严格遵循管路拆装安全规范进行操作。

6.3　化工管路拆装实训装置示意图

图1为化工管路拆装实训装置示意图。

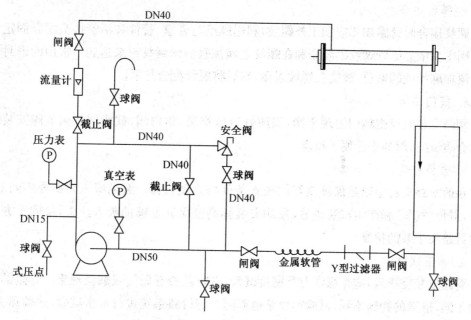

图1　化工管路拆装实训装置示意图

6.4　化工管路拆装基本要求

要正确地安装管路,必须明确生产工艺特点和操作条件的要求,遵循管路布置和安装的原则,绘制出相应的配管图。组装时,先将管路按现场位置分成若干段组装。然后从管路一端向另一端固定接口逐次组合,也可以从管路两端接口向中间逐次组合。但在组合过程中,必须经常检查管路中心线的偏差,尽量避免因偏离过成最后合拢的接口处错口太大的弊端。整个安装过程中要注意以下方面:

1. 管路安装

管路的安装应保证横平竖直,水平管安装偏差不大于 15 mm/10 m,但其全长不能大于 50 mm,垂直管偏差不能大于 10 mm。

2. 法兰接合

法兰安装要做到对得正、不反口、不错口、不张口。安装前应对法兰、螺栓、垫片进行外观、尺寸材质等检查。未加垫片前,将法兰密封面清理干净,其表面不得有沟纹;垫片的位置要放正,不能加入双层垫片;法兰与法兰对接连接时,密封面应保持平行,法兰与管子组装时应注意法兰的垂直度。为便于安装和拆卸,法兰平面距支架和墙面的距离不应小于 200 mm。当管道的工作温度高于 100℃时,螺栓表面应涂一层石墨粉和机油的调和物,以便于操作。当管道需要封堵时,可采用法兰盖,法兰盖的类型、结构、尺寸及材料应和所配用的法兰相一致。

紧固法兰时要做到：拧紧螺栓时应对称成十字交叉进行，以保证垫片各处受力均匀；拧紧后的螺栓露出丝扣的长度不应大于螺栓直径的一半，并不应小于 2 mm，即紧好之后的螺栓两头应露出 2～4 扣；管道安装时，每对法兰的平行度、同心度应符合要求。

3. 螺纹接合

螺纹接合时管路端部应加工外螺纹，利用螺纹与管箍、管件和活管接头配合固定。其密封则主要依靠锥管螺纹的咬合和在螺纹之间加敷的密封材料来达到。常用的密封材料是白漆加麻丝或四氟膜，缠绕在螺纹表面，然后将螺纹配合拧紧。

4. 阀门安装

阀门安装时应把阀门清理干净，关闭好进行安装，单向阀、截止阀及调节阀安装时应注意介质流向，阀的手轮便于操作。

5. 泵的安装

泵的管路安装原则是保证良好的吸入条件与方便检修。泵的吸入管路要短而直，阻力小，避免"气袋"和产生积液现象，泵的安装标高要保证足够的吸入压头，泵的上方不要布置管路便于泵的检修。

6. 水压试验

管路安装完毕后，应作强度与严密度试验，试验是否有漏气或漏液现象。管路的操作压力不同，输送的物料不同，试验的要求也不同。当管路系统进行水压试验，试验压力（表压）为 300 kPa，在试验压力下维持 5 分钟，未发现渗漏现象，则水压试验即为合格。

6.5 拆装操作步骤

1. 操作前配戴好手套、安全帽等防护工具。

2. 操作前先将拆装管路中的水放干净，并检查阀门是否处于关闭状态。阀门应处于关闭状态。

3. 拆装顺序：由上至下，先仪表后阀门，拆卸过程注意不要损坏管件和仪表，拆下来的管子、管件、仪表、螺栓要分类放置好。

4. 拧紧螺栓时应对称，十字交叉进行，以保证垫片处受力均匀，拧紧后的螺栓露出丝口长度不大于螺栓直径的一半，并且不小于 2 mm。

5. 安装时应保证法兰用同一规格螺栓安装并保持方向一致，每支螺栓加垫片不超过一个，法兰也同样操作，加装盲板的法兰除外。

6. 应正确安装使用 8 字盲板。

7. 进行管道或部件水压实验时，升压要缓慢，升压时禁止动法兰螺钉或油刃，避免敲击或站在堵头对面，稳压后方可进行检查，非操作人员不得在盲板、法兰、焊口、丝出口停留。

8. 能使用手动加压泵按照试压程序完成试压操作，在规定压强下和规定时间内管路所有接口无渗漏现象。

6.6　注意事项

1. 试压操作前，一定关闭泵进口真空表的阀门，以免损坏真空表。

2. 本装置所使用安全阀额定压力为 0.5 MPa，加压时不要超过 0.5 MPa。

3. 不锈钢泵铭牌转速为 2 900 转/分，为泵的额定工况点（常是指水泵在高效段的扬程和流量参数）参数的换算值，电机铭牌转数 2 850 转/分的为电机的额定转数，电机的实际转数会随着泵的使用参数不同而改变，故两个铭牌的标牌是不同的。

4. 操作中，安装工具要使用合适、恰当。法兰安装中要做到对得正、不反口、不错口、不张口。安装和拆卸过程中注意安全防护，避免出现安全事故。

第七章　流体输送综合实训

7.1　实训目的

1. 了解孔板流量计、文丘里流量计、转子流量计、涡轮流量计、热电阻温度计、各种常用液位计、压差计等工艺参数测量仪表的结构和测量原理；掌握使用方法，着重训练并掌握计算机远程控制系统 DCS 在流体输送中的应用技术。

2. 了解离心泵结构、工作原理及性能参数，学会离心泵特性曲线测定及离心泵最佳工作点确定；掌握正确使用、维护保养离心泵通用技能；会判断离心泵气缚、气蚀等异常现象并掌握排除技能；能够根据工艺条件正确选择离心泵的类型及型号。

3. 了解旋涡泵的结构、工作原理及其流量调节方法。了解压缩机的工作原理、主要性能参数及输送液体的方法。学会根据工艺要求正确操作流体输送设备完成流体输送任务。

4. 能识记流体输送过程工艺文件；能识读流体输送岗位工艺流程图、实训装置示意图、实训设备平面图和立面布置图，能绘制工艺流程配管简图；能识读仪表联锁图。

5. 理解并掌握流体静力学基本方程、物料平衡方程、伯努利方程及流体在圆形管路内流动阻力的基本理论及应用。

6. 训练学员应用所学到的化工流体力学、流体输送机械的基本理论分析和解决流体输送过程中所出现的问题。

7. 培养学生安全、规范、环保、节能的生产意识及敬业爱岗、严格遵守操作规程的职业道德和团队合作精神。

7.2　流体输送实训工艺流程、控制面板、设备及仪表

7.2.1　带有控制点的工艺及设备流程图

带有控制点的工艺及设备流程如图 1 所示。

7.2.2　流体输送实训系统控制面板

流体输送实训系统控制面板如图 2 所示。

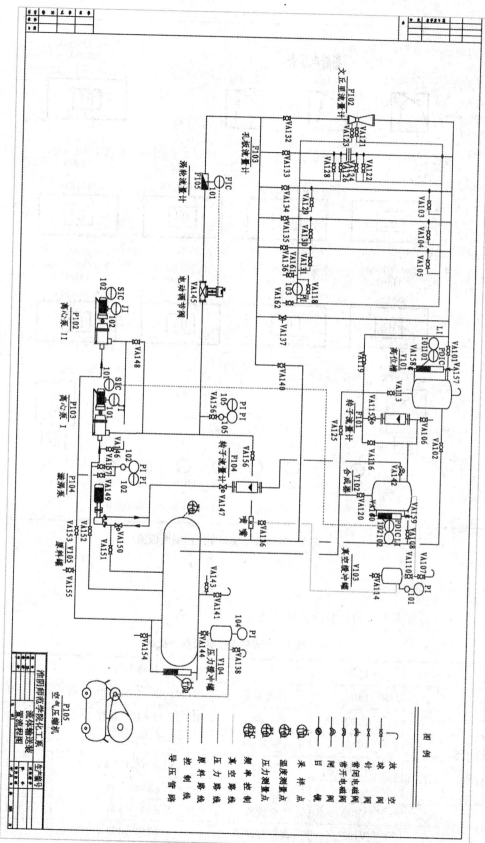

图 1 带有控制点的工艺及设备流程图

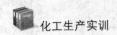
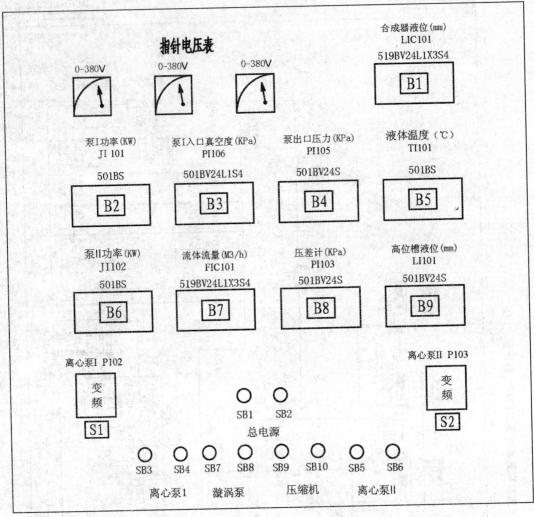

图2　流体输送实训系统控制面板图

7.2.3　主要设备

实训装置中涉及的主要设备列于表1。

表1　实训装置主要设备一览表

序号	位号	名称	规格型号	数量
1	P102	离心泵Ⅱ	IH50－32－125,扬程20 m	1
2	P103	离心泵Ⅰ	IH50－32－125,扬程20 m	1
3	P104	旋涡泵	25 W～25,0.75 kW	1
4	P105	压缩机	YL90SZ,1.5 kW	1
5	V101	高位槽	φ360×700	1
6	V102	合成器	φ300×530	1
7	V103	真空缓冲罐	φ210×350	1

续　表

序号	位号	名称	规格型号	数量
8	V104	压力缓冲罐	φ100×310	1
9	V105	原料罐	φ600×1 360	1

7.2.4　主要仪表

实训装置中涉及的主要仪表列于表2。

表 2　实训装置主要仪表一览表

序号	位号	仪表用途	仪表位置	规格		执行器
				传感器	显示仪	
1	LI101	高位槽液位	集中	磁翻转液位计	AI-501	
2	LI102	原料罐液位	就地	磁翻转液位计		
3	LIC101	合成器液位	集中	磁翻转液位计	AI-519	变频器
4	TI101	原料罐内温度	集中	PT100 热电阻	AI-501	
5	PI101	缓冲罐内压力	就地	Y-100 −0.1~0 MPa	真空表	
6	PI102	离心泵Ⅰ、Ⅱ入口压力	就地 集中	−0.1~0 MPa	真空表 AI-501	
7	PI103	压差计	集中	0~200 kPa	AI-501	
8	PI104	缓冲罐内压力	就地	0~0.25 MPa	压力表	
9	PI105	双泵出口压力	就地 集中	0~0.6 MPa	压力表 AI-501	
10	SIC101	离心泵Ⅰ的变频器	集中	2.2 kW		
11	SIC102	离心泵Ⅱ的变频器	集中	2.2 kW		
12	F101	流量显示	就地	LZB-25 玻璃转子流量计 100~1000 L/h		
13	F102	流量显示	集中	文丘里流量计 喉孔 20	AI-501	
14	F103	流量显示	集中	孔板流量计 孔径 14	AI-501	
15	F104	流量显示	就地	LZB-40 玻璃转子流量计, 250~2500 L/h		
16	F105	流量显示	集中	LWGY-50C 涡轮流量计 0.2~20 m³/h	AI-519	电动调节阀
17	J101	离心泵Ⅰ功率显示	集中	功率传感器 5 kW	AI-501	
18	J102	离心泵Ⅱ功率显示	集中	功率传感器 5 kW	AI-501	

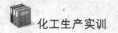

7.3 流体输送过程工艺参数控制技术

流体输送生产过程控制的目的是保证流体输送过程中物料平衡,工艺过程各项指标符合要求,从而保证生产过程持续稳定,生产出合格产品。流体输送控制过程主要有以下五方面:

7.3.1 液体流量控制

图 3 表示的控制过程为:图 3 中 AI519 为比较器,它是控制器的一个部分,不是独立的元件,只是为了说明其作用把它单独画了出来。干扰 f 是除电动调节阀外其他对液体流量产生影响的因素。被控对象为液体,液体流量为被控对象的被控变量,它是被控对象的一个部分,不是独立的元件,只是为了说明其作用把它单独画了出来。当干扰 f 发生作用时,被控对象的被控变量 y(即液体流量)发生变化,测量元件测出其变化值 z 送到比较器与设定值 x 进行比较,得出偏差 $e = x - z$,控制器根据偏差的大小按事先设定好的控制规律运算后输出一个控制信号 p 给电动调节阀,电动调节阀根据信号 p 的大小来调整操纵变量 q(电动调节阀的阀门开度)发生相应的改变,从而使被控对象的输出—被控变量保持稳定。

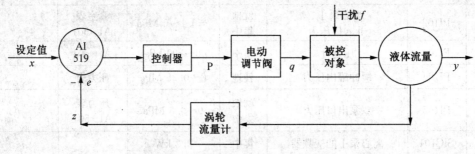

图 3 流量自动调节系统示意图

7.3.2 合成器液位控制

图 4 表示的控制过程为:图 4 中 AI519 为比较器,它是控制器的一个部分,不是独立的元件,只是为了说明其作用把它单独画了出来。干扰 f 是除变频器外其他对合成器液位产生影响的因素。被控对象为合成器,合成器的液位为被控对象的被控变量,它是被控对象的一个部分,不是独立的元件,只是为了说明其作用把它单独画了出来。当干扰 f 发生作用时,被控对象的被控变量 y(即合成器液位)发生变化,测量元件测出其变化值 z 送到比较器与设定值 x 进行比较,得出偏差 $e = x - z$,控制器根据偏差的大小按事先设定好的控制规律运算后输出一个控制信号 P 给变频器,变频器根据信号 p 的大小来调整操纵变量 q(离心泵电机转速)发生相应的改变,从而使被控对象的输出—被控变量保持稳定。

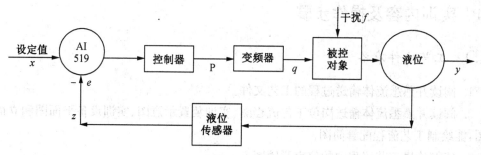

图4 液位自动调节系统示意图

7.3.3 输送流体物料配比比值控制

要求二股流体按一定比例向合成器输送,其中一股流体由旋涡泵输送并固定流量,另一股流体由离心泵输送,要求按照其配比要求计算配比比值,再由配比比值计算出离心泵流量,并按照计算出的流量值对离心泵进行调节控制,使送出的两股流体的配比符合工艺要求。控制过程如图5所示。

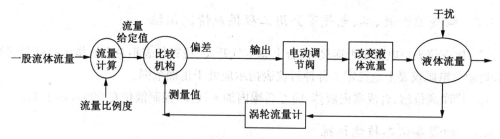

图5 流量比值自动调节系统示意图

7.3.4 真空度控制

通过阀门 VA107 控制系统真空度,图6为真空度开式控制框图。

图6 真空度开式控制框图

7.3.5 压力控制

通过阀门 VA138 控制系统压力,图7为压力开式控制框图。

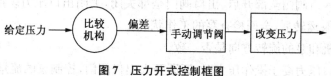

图7 压力开式控制框图

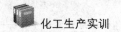

7.4 实训内容及操作步骤

7.4.1 工艺文件准备

1. 阅读并熟悉流体输送过程的工艺文件。

2. 阅读并熟悉流体输送岗位工艺流程图、实训装置示意图、实训设备平面图和立面布置图,能绘制工艺流程配管简图。

3. 能够读懂工艺流程中的仪表联锁图。

4. 熟悉流体输送实训过程的操作规程和注意事项。

7.4.2 开车前动、静设备检查训练

1. 检查管路、管件、阀门连接是否完好,检查阀门是否灵活好用并处于正确位置。

2. 流体输送设备是否完好,了解离心泵铭牌上标识内容,检查离心泵安装高度是否合适,离心泵是否需要灌泵,检查离心泵前后阀门是否处于正常开车状态,离心泵、旋涡泵启动电机前先盘车后才能通电。检查离心泵、压缩机的润滑油是否加到指定位置。

7.4.3 检查原料液、水、电气等公用工程供应情况训练

1. 检查仪表柜电源是否连接好,合上总空气开关,检查仪表柜总电源指示红灯是否亮起,启动总电源仪表上电稳定3分钟后仪表指示应处于正确范围。

2. 排净高位槽、合成器内液体,向原料罐内加入液体,控制液位在500 mm左右。

7.4.4 动设备试车技能训练

1. 开车前检查泵的出入口管线、阀门,压力表接头有无泄漏,地脚螺丝及其他连接处有无松动。

2. 按规定向轴承箱内注入润滑油,油面在油标1/2～2/3处。清理泵体机座地面环境卫生。(无润滑油开车后轴承易被烧损。)

3. 盘车检查转子是否轻松灵活,泵体内是否有金属碰撞的声音。(启泵前一定要盘车灵活,否则强制启动会引起机泵损坏、电机跳闸甚至烧损。)

4. 检查排水地漏使整个系统畅通无阻。

5. 开启泵入口阀门使液体充满泵体,打开出口放空阀门排除泵内空气后,关闭放空阀。

7.4.5 离心泵正常开停车操作技能训练

1. 首先泵入口阀门全部开启、出口阀门全部关闭,关闭出口压力表控制阀VA156,然后启动电机,当泵运转后,全面检查泵的工作状况。

2. 检查电机和泵的旋转方向是否一致。

3. 当泵出口压力高于操作压力时,逐渐开大出口阀门,控制泵的流量压力。

4. 检查电机电流是否小于额定值,超负荷时,应立即停车检查。

5. 检查电机、泵是否有杂音，是否异常振动，是否有泄漏，调整出口阀门 VA145 开度达到指定流量。

6. 离心泵停车操作。

7. 逐渐关闭泵的出口阀门至全关。

8. 当出口阀门全部关闭后停电机。

9. 泵停止运转后关闭泵入口阀门。

7.4.6　离心泵串并联操作技能训练

1. 离心泵串联操作

打开阀门 VA153、VA146 其余阀门全部关闭，调节离心泵 I P103、离心泵 II P102 变频器频率为 50（Hz）后启动二台离心泵变频器开关，打开阀门 VA140，用电动调节阀 VA145 调节流量，打开阀门 VA149。使流体形成从原料罐 V105→泵 P102→泵 P103→电动调节阀 VA145→涡轮流量计 F105→原料罐 V105 的回路。

离心泵串联操作特性曲线测定：通过调节电动调节阀 VA145 的不同开度（10 组开度），即调节不同流量，或将涡轮流量计设定到某一数值，待流动稳定后同时读取流量（F105）、泵出口处的压强（PI105）、泵进口处的真空度（PI102）、功率（JI101、JI102）及水温（TI101）等数据。电动阀调节方法：通过面板上流量显示仪表实现。从大流量到小流量依次测取 10～15 组实验数据。

2. 离心泵并联操作

打开阀门 VA152、VA153、VA148 其余阀门全部关闭，调节离心泵 I P102、离心泵 II P103 变频器频率为 50 Hz 后启动两台离心泵变频器开关，打开阀门 VA140，用电动调节阀 VA145 调节流量，打开阀门 VA149，VA156。使流体形成从原料罐 V105→泵 P102/泵 P103→电动调节阀 VA145→涡轮流量计 F105→原料罐 V105 的回路。

离心泵并联操作特性曲线测定：通过调节电动调节阀 VA145 的不同开度，即调节不同流量，或将涡轮流量计设定到某一数值，待流动稳定后同时读取流量（F105）、泵出口处的压强（PI105）、泵进口处的真空度（PI106）、功率（JI101、JI102）及水温（TI101）等数据。电动阀调节方法：通过面板上流量显示仪表实现。从大流量到小流量依次测取 10～15 组实验数据。

7.4.7　旋涡泵输送流体操作技能训练

打开阀门 VA151、VA150、VA142、VA120 其余阀门全部关闭，启动旋涡泵后检查电机和泵的旋转方向是否一致。然后逐渐打开出口阀门 VA147，使整个回路工作趋于正常。运转中需要经常检查电机、泵是否有杂音，是否异常振动，是否有泄漏，通过调节旁路回流阀门 VA150 的方法调节流量。

7.4.8　压缩机输送流体岗位操作技能训练

1. 开车前先检查一切防护装置和安全附件是否完好，确认完好方可开车。

2. 检查各处的润滑油面是否合乎标准。

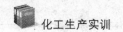

3. 压力表每年校验一次,贮气罐、导管接头外部检查每年一次,内部检查和水压强度试验三年一次,并要做好详细记录。

4. 机器在运转中或设备有压力的情况下,不得进行任何修理工作。

5. 经常注意压力表指针的变化,禁止超过规定的压力。

6. 在运转中若发生不正常的声响、气味、振动或故障,应立即停车检修。

7. 工作完毕将贮气罐内余气放出。

实训任务:正确操作压缩机将原料罐内液体输送到合成器中并达到指定液位(400 mm)。

空压机开车前按照上述操作规程进行检查,无误后关闭阀门 VA152、VA153、VA154、VA141、VA143 及所有阀门,打开阀门 VA151、VA150、VA147、VA142、VA107、VA144。接通电源启动空压机 P105。空压机开始工作后注意观察缓冲罐压力表 PI104 指示值,通过调节阀门 VA138 开度调节罐中压力维持在 0.05 MPa,调节阀门 VA147 开度来调节输送流体的流量,由转子流量计 F104 计量。

当合成器液位达到指定位置时,关闭压缩机出口阀门,切断压缩机电源,将贮气罐内余气放出。

7.4.9 利用真空系统输送流体操作技能训练

1. 准备工作(开车前的检查)。

2. 检查电压是否正常(示值不超过额定电压(380 V)±5%);电气开关和设备接地线是否正常。

实训任务:正确操作真空机组将原料罐内液体输送到合成器中并达到指定液位(400 mm)。

真空机组启动前按照上述操作规程进行检查,确认无误后关闭阀门 VA153、VA148、VA146 及所有阀门,打开阀门 VA152、VA156、VA136、VA114、VA110 接通电源启动离心泵Ⅰ P103。待真空机组工作后观察缓冲罐真空表 PI101 指示值,通过调节阀门 VA107 开度调节真空缓冲罐 V103 中真空度维持在 0.06 MPa,调节阀门 VA147 开度来调节输送流体的流量,由转子流量计 F104 计量。

当合成器液位达到指定位置时,打开缓冲罐放空阀门 VA107,关闭离心泵Ⅰ P103。

7.4.10 利用高位槽输送流体操作技能训练

实训任务:正确使用高位槽输送流体到合成器中并达到指定液位(400 mm)。

打开阀门 VA152、VA132、VA101、VA102、VA107,其余阀门全部关闭,调节离心泵Ⅰ P103 变频器频率为 30 Hz 后开启离心泵Ⅰ变频器开关,通过电动调节阀 VA145 调节流量,向高位槽 V101 中注入液体,待高位槽溢流管内有液体流出时调小进入高位槽的流量。

然后打开阀门 VA113、VA115,半开阀门 VA120,流体在重力作用下从高位槽 V101 流向合成器 V102,通过调节阀门 VA115 开度调节流量,转子流量计 F101 记录流量,控制合成器液位保持恒定。

7.4.11　合成器液位自动控制操作技能训练

实训任务:应用离心泵 I 电机频率调节将原料罐流体输送到合成器中并保持到指定液位(400 mm)。

打开阀门 VA152、VA132、VA119、VA116、VA107 半开阀门 VA120,其余阀门全部关闭,启动离心泵 I 变频器开关,把控制电动调节阀 VA145 开度的 AI519 仪表调到手动位置(开度为 100),合成器液位 LIC101 控制仪表 AI519 根据合成器液位按照控制规律调节离心泵 I P102 变频器 SIC101 频率以改变电机转数,达到控制合成器液位的目的。

7.4.12　自动控制流体流量操作技能训练

实训任务:正确使用电动调节阀调节流体流量(4~12 m³/h)。

打开阀门 VA152、VA140,其余阀门全部关闭,将合成器液位 LIC101 控制仪表 AI519 调到手动位置(开度为 100),调节离心泵 I P102 变频器 SIC101 频率为 50 Hz 后开启离心泵 I 变频器开关,流量控制 FIC105 仪表 AI519 根据实际流量按照控制规律调节电动调节阀 VA145 开度,达到控制流体流量目的。

7.4.13　两种物料配比输送操作技能训练

实训任务:根据工艺要求将两种流体按一定比例输送到合成器中。

一种流体由旋涡泵输送并固定流量为某一定值,另一种流体由离心泵输送,要求会根据工艺要求计算混合比例,再根据混合比例计算出离心泵泵送液体的流量,并按照泵送流量进行离心泵操作控制。

首先打开阀门 VA151、VA150、VA142、VA108、VA107、VA120,其余阀门全部关闭,启动旋涡泵 P104,将流量控制在 0.5 m³/h。

然后打开阀门 VA152、VA132、VA119、VA116、VA107、VA120,其余阀门全部关闭,启动离心泵 I P103。

将合成器液位 LIC101 控制仪表 AI519 调到手动位置(开度为 100),按设定比例计算出另一种流体流量。启动离心泵 I 变频器开关,流量控制 FIC105 仪表 AI519 根据实际流量按照控制规律调节电动调节阀 VA145 开度,达到控制两种流体配比的目的。

7.4.14　流体输送过程中基本参数测量

1. 测定不同管径管路(DN15\25\40)内流体流动的直管摩擦阻力和直管摩擦系数 λ。

2. 测定不同管径管路内流体流动的直管摩擦系数 λ 与雷诺数 Re 和相对粗糙度之间的关系曲线。

3. 在本操作压差测量范围内,测量节流式流量计(文丘里流量计)的局部阻力系数 ζ。

4. 测定不锈钢离心泵在一定转速下,H(扬程)、N(轴功率)、η(效率)与 Q(流量)之间的特性曲线(H—Q、Q—N Q-η 关系曲线)。

5. 测定 2 台 IH50-32-125 型不锈钢离心泵在串联或并联条件下,H(扬程)、N(轴功率)、η(效率)与 Q(流量)之间的特性曲线。

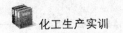

6. 测定流量调节阀某一开度下管路特性曲线（H_e-Q_e关系曲线）。

7. 了解文丘里及涡轮流量计的构造及工作原理。

8. 测定节流式流量计（文丘里流量计和孔板流量计）的流量标定曲线。

9. 测定节流式流量计（文丘里流量计和孔板流量计）的雷诺数 Re 和流量系数 C 关系。

7.4.15　流体输送岗位化工仪表操作技能训练

1. 流量计（转子流量计、孔板流量计、文丘里流量计、涡轮流量计）。

2. 压力、液位测量（差压变送器、压力传感器、压力表、真空表、磁翻转液位计、玻璃管液位计）。

3. 热电阻温度计。

4. AI 数字显示仪表。

5. 电动调节阀和电机的输入功率。

6. 变频调速器

7.4.16　流体输送岗位计算机远程控制 DCS 操作技能训练

流体输送岗位计算机远程控制 DCS 界面以及流量、液位监控界面分别如图 8～10 所示，学生要熟悉特定实训任务的 DCS 控制流程和方法。

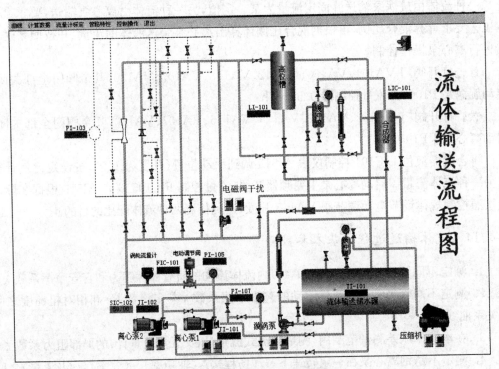

图 8　流体输送 DCS 控制界面

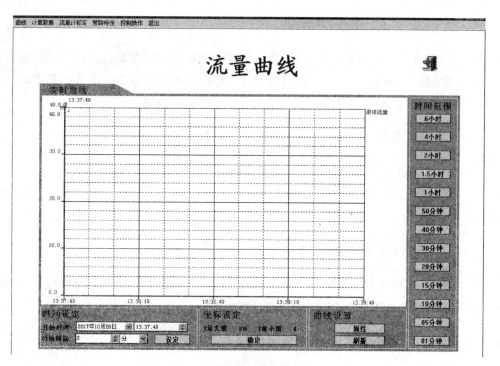

图 9　流体输送流量监控界面

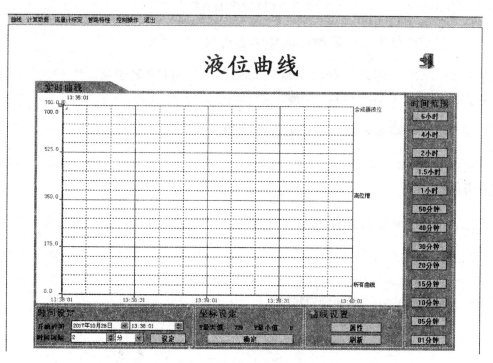

图 10　流体输送液位监控界面

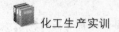

7.5 复杂流体输送任务实训

流体输送生产工艺流程由原料罐、合成器、高位槽、真空缓冲罐、压力缓冲罐、离心泵、旋涡泵、压缩机、真空机组及相连接的管路阀门组成,构成多组独立的训练循环系统,配有流量、液位、压力、温度等测量仪表及计算机远程控制系统 DCS。

7.5.1 流体阻力和流量计性能测定工艺过程

流体由原料罐 V105 经阀门 VA152 经过离心泵 I 输送,通过电动调节阀 VA145—涡轮流量计 F105—VA132 或 VA133、VA134、VA135、VA136—VA119 —VA125 后回到原料罐。

7.5.2 离心泵性能测定工艺过程

流体由原料罐 V105 经阀门 VA152,在离心泵 I 输送作用下,通过电动调节阀 VA145—涡轮流量计 F105—VA140 后回到原料罐。

7.5.3 旋涡泵向合成器输送流体工艺过程

流体由原料罐 V105 经阀门 VA151 经过旋涡泵输送,通过阀 VA147—转子流量计 F104—VA142 进入合成器,最后经 VA120 回到原料罐。

7.5.4 真空机组向合成器输送流体工艺过程

流体由原料罐 V105 经阀门 VA151—VA150—VA147—转子流量计 F104—VA142 进入合成器,再经 VA120 回到原料罐。

7.5.5 压缩机向合成器输送流体工艺过程

流体由原料罐 V105 经阀门 VA151 —VA150—VA147—转子流量计 F104—VA142 进入合成器,再经 VA120 回到原料罐。

7.5.6 向高位槽输送流体的工艺过程

流体由原料罐 V105 经阀门 VA152,在离心泵 I 输送作用下,通过电动调节阀 VA145—涡轮流量计 F105—VA132 或 VA133、VA134、VA135、VA136—VA101 进入高位槽— VA113—VA125 后回到原料罐。

7.5.7 由高位槽向合成器输送流体工艺过程

流体由原料罐 V105 经阀门 VA152,在离心泵 I 输送作用下,通过电动调节阀 VA145—涡轮流量计 F105—VA132 或 VA133、VA134、VA135、VA136—VA101 进入高位槽— VA113—VA115 进入合成器—VA120 后回到原料罐。

7.6　异常现象排除实训任务

通过总控制室计算机或远程遥控可以模拟制造各种故障和异常现象(表3和4),要求学生提出解决方法并付诸实施,以此来训练学员分析问题和解决实际工程问题的能力。

表3　故障现象

序号	故障现象	产生原因分析	处理思路	解决办法
1	总管路中流体阻力突然减小			
2	流体输送中流量随之突然增大或减小	流体输送装置	查看离心泵是否正常工作,离心泵频率是否改变	
3	总管路中流体阻力突然减小液体无流量	流体输送装置关闭	查看离心泵是否正常操作,离心泵频率是否改变	
4	合成器液位突然增加或降低	给合成器内输送流体量变化	查看离心泵是否正常操作,离心泵频率是否改变	
5	设备全部停电	实验室停电,实验室总电源关闭	找电工或老师解决	
6	无真空度	泵未启动,真空度表阀门关闭	检查泵及阀门	
7	无压力	泵未启动,压力表阀门关闭	检查泵及阀门	

表4　遥控器故障按键

遥控器按键名称	事故制造内容
A	停离心泵Ⅱ
B	停旋涡泵
C	开电磁阀
D	离心泵Ⅰ启
E	停总电源
F	停离心泵Ⅰ

7.7　技能考核内容

1. 操作自动控制系统对合成器液位进行控制,液位为 400 mm 高度。
2. 使用高位槽向合成器输送流体并控制液位在 400 mm。
3. 操作压缩机向合成器输送流体并控制液位达到 400 mm。
4. 操作真空泵向合成器输送流体并控制液位达到 400 mm。
5. 操控流量计 F101 使液体流量控制在 800 L/h。

6. 操控涡轮流量计 FIC101,使液体流量控制在 8 m³/h。

7. 任意选择管路、泵来输送流体,并控制流量 FIC101 为 20 m³/h。

8. 任意选择管路、泵来输送流体,并控制压力表读数为 0.3 MPa。

9. 测定 DN15 管路的阻力。

10. 标定孔板流量计。

7.8 思考题

1. 流体在管道内流动为什么会产生阻力? 流动阻力大小与哪些因素有关? 定态流动指的是什么?

2. 离心泵在启动时为什么要关闭出口阀门?

3. 刚安装好的一台离心泵,启动后出口阀已经开至最大,但不见水流出,试分析原因并采取措施使泵正常运行。

4. 为什么用泵的出口阀门调节流量? 这种方法有什么优缺点? 是否还有其他方法调节流量?

5. 正常工作的离心泵,在其进口管路上安装阀门是否合理? 为什么?

6. 什么是离心泵的工作点? 离心泵流量调节有哪些方法? 各有什么特点?

7.9 实训数据计算和结果案例

1. 流体阻力测定(以表 3 第一组数据为例计算)

流量 $q=4.12$ m³/h,直管压差 $\Delta p=57.9$ kPa

液体温度 18℃　液体密度 $\rho=998.08$ kg/m³ 液体粘度 $\mu=1.09$ mPa·s

$$u = \frac{q}{\left(\frac{\pi d^2}{4}\right)} = \frac{4.12}{\left(\frac{\pi \times 0.015^2}{4}\right)} \times \frac{0.001}{3\,600} = 6.48 \text{ m/s}$$

$$Re = \frac{du\rho}{\mu} = \frac{0.015 \times 6.48 \times 998.08}{1.09 \times 10^{-3}} = 88\,996$$

$$\lambda = \frac{2d}{L\rho}\frac{\Delta p_f}{u^2} = \frac{2 \times 0.015}{2.76 \times 998.08}\frac{57.9 \times 10^3}{6.48^2} = 0.015\,02$$

2. 离心泵特性曲线测定(以表 6 第一组数据为例计算)

涡轮流量计流量读数 $Q=21.96$ m³/h

泵入口压力 $p_1=0.015$ MPa,出口压力 $p_2=0.174$ MPa,电机功率=2.39 kW

泵进出口管径相同,所以 $u_入=u_出$

$$H = (Z_出 - Z_入) + \frac{P_出 - P_入}{\rho g} + \frac{u_出^2 - u_入^2}{2g} = 0.6 + \frac{(0.015 + 0.174) \times 10^6}{1\,000 \times 9.81} = 19.9 \text{ m}$$

$$N = 功率表读数 \times 电机效率 = 2.39 \times 60\% = 1.43 \text{ kW}$$

$$\eta = \frac{Ne}{N}$$

$$Ne = \frac{HQ\rho}{102} = \frac{19.9 \times \left(\frac{21.96}{3\,600}\right) \times 1\,000}{102} = 1.19 \text{ kW}$$

$$\eta = \frac{1.19}{1.43} = 83.0\%$$

3. 管路特性曲线测定(计算同 2)

4. 流量计测定(以文丘里流量计第一组数据为例计算)

涡轮流量计:6.19 m³/h　流量计压差:19.8 kPa

$$Q = 6.19 \text{ m}^3/\text{h}$$

$$u = \frac{6.19}{3\,600 \times 0.785 \times 0.02^2} = 1.242 \text{ m/s}$$

$$Re = \frac{du\rho}{\mu} = \frac{0.02 \times 1.242 \times 996.63}{0.92 \times 10^{-3}} = 56\,496$$

$$Q = C_0 A_0 \sqrt{\frac{2\Delta p}{\rho}}$$

$$C_0 = Q / \left(A_0 \sqrt{\frac{2\Delta p}{\rho}} \right) = 6.19 / \left[3\,600 \times \left(\frac{\pi}{4} \times 0.02 \times 0.02 \right) \sqrt{\frac{2 \times 19.8 \times 1\,000}{996.63}} \right] = 0.869$$

5. 附数据表和曲线图

表 5　直管阻力 DN15 测定数据表

	不锈钢管内径 = 15 mm、测量管长 = 2.76 m					
	$t=18℃$、$\mu=1.09 \times 10^{-3}$ Pa·s、$\rho=998.08$ kg/m³					
序号	Q(m³/h)	R (kPa)	Δp(kPa)	u(m/s)	Re	λ
1	4.12	57.9	57 900	6.480	88 996	0.015 02
2	3.87	51.1	51 100	6.086	83 596	0.015 02
3	3.63	45.4	45 400	5.709	78 412	0.015 17
4	3.36	40.2	40 200	5.284	72 580	0.015 68
5	2.95	32.6	32 600	4.639	63 723	0.016 49
6	2.63	26.8	26 800	4.136	56 811	0.017 06
7	2.17	21.2	21 200	3.413	46 874	0.019 82
8	1.83	15.7	15 700	2.878	39 530	0.020 64
9	1.51	12.3	12 300	2.375	32 618	0.023 75
10	1.27	9.8	9 800	1.997	27 433	0.026 75
11	0.88	8.2	8 200	1.384	19 009	0.046 62

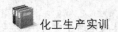
表6　直管阻力 DN25 测定数据表

		R	ΔP(kPa)	u(m/s)	Re	λ
序号	Q(m³/h)	kPa				
1	6.07	8.00	8 000	3.44	77 964	0.012 29
2	5.52	6.40	6 400	3.13	70 899	0.011 89
3	4.99	5.40	5 400	2.83	64 092	0.012 28
4	4.62	4.60	4 600	2.62	59 340	0.012 20
5	4.25	4	4 000	2.41	54 587	0.012 54
6	3.86	3.2	3 200	2.19	49 578	0.012 16
7	3.46	2.9	2 900	1.96	44 441	0.013 72
8	2.93	2.3	2 300	1.66	37 633	0.015 17
9	2.46	1.7	1 700	1.39	31 597	0.015 91
10	2.15	1.4	1 400	1,22	27 615	0.017 15
11	1.8	1.1	1 100	1.02	23 119	0.019 22
12	1.46	0.8	800	0.83	18 752	0.021 25

不锈钢管公称直径＝ 25 mm、测量管长＝ 2.76 m
$t＝17.5℃、\mu＝1.10\times10^{-3}$ Pa · s、$\rho＝998.18$ kg/m³

表7　直管阻力 DN40 测定数据表

		R	ΔP(kPa)	u(m/s)	Re	λ
序号	Q(m³/h)	kPa				
1	6.4	0.5	500	1.42	60 041	0.007 26
2	5.83	0.4	400	1.29	54 694	0.007 00
3	4.53	0.30	300	1.00	42 498	0.008 69
4	3.34	0.20	200	0.74	31 334	0.010 66
5	2.15	0.10	100	0.48	20 170	0.012 86

不锈钢管公称直径＝ 40 mm、测量管长＝ 2.76 m
$t＝23.6℃、\mu＝0.94\times10^{-3}$ Pa · s、$\rho＝996.85$ kg/m³

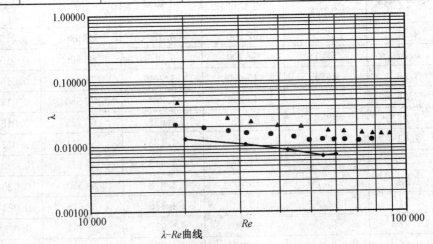

λ-Re曲线

图11　直管阻力图

表8　离心泵性能测定数据表

离心泵性能测定实验数据记录(泵1)

(电机效率＝60 ％。实验管路直径 $d＝52$ mm,离心泵进出口测压点距离＝60 mm。
液体温度 16.5℃　液体密度 $\rho＝996.05$ kg/m³)

序号	涡轮流量计	入口压力 p_1	出口压力 p_2	电机功率	流量 Q	压头 H	泵轴功率 N	η
	m³/h	MPa	MPa	kW	m³/h	m	W	%
1	21.96	0.015	0.174	2.39	21.96	19.9	1 434	83.0
2	20.83	0.012 4	0.185	2.34	20.83	20.8	1 404	83.9
3	19.87	0.010 7	0.195	2.3	19.87	21.6	1 380	84.8
4	18.78	0.007	0.207	2.22	18.78	22.5	1 332	86.3
5	17.73	0.006	0.218	2.16	17.73	23.5	1 296	87.5
6	16.91	0.004	0.226	2.11	16.91	24.1	1 266	87.7
7	15.53	0.002	0.235	2.03	15.53	24.8	1 218	86.2
8	14.86	0.001	0.241	1.98	14.86	25.3	1 188	86.3
9	13.77	0	0.247	1.91	13.77	25.8	1 146	84.5
10	12.55	0	0.254	1.83	12.55	26.5	1 098	82.6
11	11.22	0	0.259	1.74	11.22	27.0	1 044	79.2
12	10.23	0	0.263	1.67	10.23	27.5	1 002	76.4
13	9.41	0	0.264	1.6	9.41	27.6	960	73.6
14	8.49	0	0.267	1.54	8.49	27.9	924	69.8
15	7.48	0	0.27	1.45	7.48	28.2	870	66.0
16	6.43	0	0.273	1.36	6.43	28.5	816	61.1
17	5.7	0	0.274	1.28	5.70	28.6	768	57.8
18	4.93	0	0.276	1.21	4.93	28.8	726	53.3
19	3.97	0	0.279	1.12	3.97	29.1	672	46.8
20	3.08	0	0.282	1.04	3.08	29.4	624	39.5
21	2.33	0	0.283	0.97	2.33	29.5	582	32.2
22	1.53	0	0.285	0.89	1.53	29.7	534	23.2
23	0.59	0	0.286	0.86	0.59	29.8	516	9.3
24	0	0	0.291	0.79	0.000	30.3	474.000	0

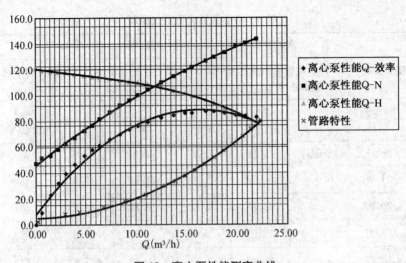

图 12　离心泵性能测定曲线

表 9　离心泵管路特性测定数据表

离心泵管路特性曲线						
电机效率= 60%。 实验管路直径 $d=52mm$,离心泵进出口测压点距离=60 mm 液体温度 26.8℃　　液体密度 $\rho=996.05\ kg/m^3$						
序号	电机频率	涡轮流量计	入口压力 p_1	出口压力 p_2	流量 Q	压头 h
	Hz	m³/h	MPa	MPa	m³/h	m
1	50	22.34	0.015	0.176	22.34	20.08
2	48	21.4	0.013	0.162	21.40	18.48
3	46	20.56	0.011	0.150	20.56	17.05
4	44	19.62	0.009	0.137	19.62	15.52
5	42	18.67	0.008	0.126	18.67	14.29
6	40	17.72	0.006	0.115	17.72	12.96
7	38	16.77	0.004	0.104	16.77	11.63
8	36	15.83	0.003	0.094	15.83	10.51
9	34	14.86	0.002	0.084	14.86	9.39
10	32	13.92	0.001	0.075	13.92	8.36
11	30	12.9	0.000	0.067	12.90	7.45
12	28	10.96	0.000	0.051	10.96	5.81
13	24	8.95	0.000 0	0.038	8.95	4.48
14	20	7	0.000 0	0.027	6.80	3.36
15	16	4.4	0.000 0	0.018	4.40	2.44
16	10	3	0.000 0	0.014	3.00	2.03
17	6	0.18	0.000 0	0.000	0.18	0.60

表10 离心泵双泵串联测定数据表

序号	涡轮流量计	入口压力 p_1	出口压力 p_2	电机功率1	电机功率2	流量 Q	压头 H	泵轴功率 N	η
	m³/h	MPa	MPa	kW	kW	m³/h	m	w	%
1	27.34	0.056	0.195	2.51	2.54	27.34	26.29	3 030	64.6
2	26.68	0.053	0.22	2.48	2.51	26.68	28.54	2 994	69.3
3	25.51	0.048	0.245	2.44	2.46	25.51	30.59	2 940	72.3
4	24.53	0.044	0.27	2.41	2.44	24.53	32.74	2 910	75.2
5	23.27	0.04	0.3	2.36	2.39	23.27	35.40	2 850	78.8
6	21.74	0.036	0.335	2.29	2.33	21.74	38.57	2 772	82.4
7	20.02	0.03	0.37	2.21	2.25	20.02	41.54	2 676	84.7
8	17.81	0.022	0.405	2.11	2.15	17.81	44.30	2 556	84.1
9	15.54	0.018	0.44	1.99	2.04	15.54	47.47	2 418	83.1
10	13.5	0.014	0.47	1.86	1.91	13.50	50.13	2 262	81.5
11	11.28	0.01	0.49	1.7	1.76	11.28	51.77	2 076	76.7
12	9.51	0.007	0.505	1.57	1.63	9.51	53.00	1 920	71.5
13	7.88	0.005	0.515	1.44	1.51	7.88	53.82	1 770	65.3
14	6.18	0.002	0.53	1.3	1.37	6.18	55.05	1 602	57.9
15	4.69	0	0.54	1.17	1.24	4.69	55.86	1 446	49.4
16	3.39	0	0.55	1.06	1.14	3.39	56.89	1 320	39.8
17	2.26	0	0.55	0.97	1.04	2.26	56.89	1 206	29.0
18	0	0	0.57	0.78	0.86	0.00	58.93	984	0.0

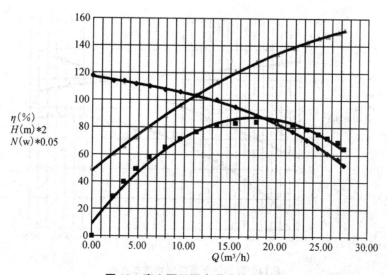

图13 离心泵双泵串联特性曲线图

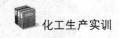

表 11　离心泵双泵性能测定实验数据表

序号	涡轮流量计	入口压力 p_1	出口压力 p_2	电机功率 1	电机功率 2	流量 Q	压头 H	泵轴功率 N	η
	m³/h	MPa	MPa	kW	kW	m³/h	m	W	%
1	27.81	0.015	0.205	1.87	1.98	27.81	23.12	2 310	75.8
2	26.75	0.014	0.21	1.83	1.95	26.75	23.52	2 268	75.6
3	25.67	0.013	0.215	1.79	1.91	25.67	23.93	2 220	75.4
4	24.34	0.012	0.22	1.76	1.86	24.34	24.34	2 172	74.3
5	22.69	0.01	0.22	1.7	1.78	22.69	24.14	2 088	71.5
6	21.26	0.008	0.225	1.66	1.72	21.26	24.45	2 028	69.8
7	18.26	0.006	0.235	1.55	1.6	18.26	25.26	1 890	66.5
8	16.13	0.005	0.24	1.46	1.51	16.13	25.67	1 782	63.3
9	14.03	0.004	0.245	1.36	1.44	14.03	26.08	1 680	59.4
10	11.79	0	0.25	1.3	1.31	11.79	26.19	1 566	53.7
11	10.05	0	0.25	1.23	1.23	10.05	26.19	1 476	48.6
12	8.58	0	0.255	1.17	1.16	8.58	26.70	1 398	44.6
13	7.08	0	0.26	1.11	1.09	7.08	27.21	1 320	39.8
14	5.89	0	0.26	1.06	1.03	5.89	27.21	1 254	34.8
15	4.72	0	0.26	1.02	0.99	4.72	27.21	1 206	29.0
16	3.18	0	0.26	0.96	0.93	3.18	27.21	1 134	20.8
17	2.14	0	0.265	0.93	0.88	2.14	27.72	1 086	14.9
18	0	0	0.27	0.82	0.81	0.00	28.23	978	0.0

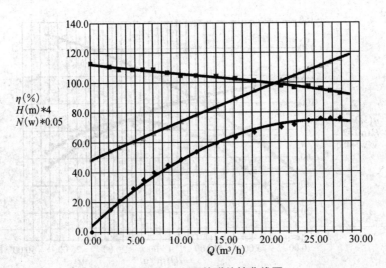

图 14　离心泵双泵并联特性曲线图

表 12 文丘里流量计数据测定表

	文丘里流量计	文丘里流量计	流量 Q	流速 u	Re	C_0
	kPa	Pa	m³/h	m/s		
1	19.8	19 800	6.19	1.242	56 496	0.869
2	17	17 000	5.74	1.151	52 389	0.869
3	14.6	14 600	5.22	1.047	47 643	0.853
4	11.8	11 800	4.69	0.941	42 805	0.853
5	9	9 000	4.05	0.812	36 964	0.843
6	6.7	6 700	3.49	0.700	31 853	0.842
7	4.4	4 400	2.91	0.584	26 559	0.866

文丘里喉径 $d_0 = 20$ mm　　实验管路直径 $d = 42$ mm
实验测试温度 $= 24.5$℃

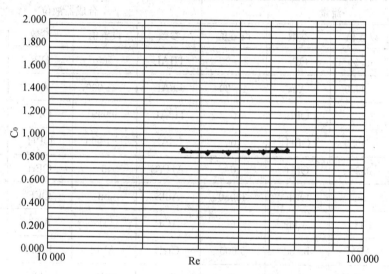

图 15 文丘里流量计系数标定曲线

表 13 孔板流量计数据测定表

	孔板流量计	孔板流量计	流量 Q	流速 u	Re	C_0
	kPa	Pa	m³/h	m/s		
1	63.8	63 800	5.55	1.113	50 653	0.601
2	49.3	49 300	4.92	0.987	44 904	0.606
3	38.6	38 600	4.39	0.881	40 066	0.611
4	30.4	30 400	3.92	0.786	35 777	0.615
5	21.5	21 500	3.35	0.672	30 575	0.624
6	14.4	14 400	2.81	0.564	25 646	0.640
7	9	9 000	2.21	0.443	20 170	0.637

孔板孔径 $d_0 = 17$ mm　　实验管路直径 $d = 42$ mm　　实验测试温度 $= 24.6$℃

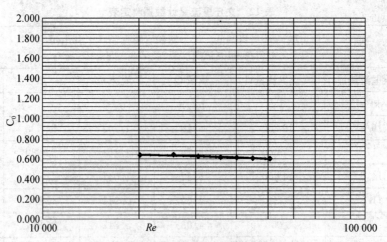

图 16　孔板流量计系数标定曲线图

表 14　主要仪表参数

流量				合成器液位			
参数	设置值	参数	设置值	参数	设置值	参数	设置值
HIAL	99.99	OPt	4～20	HIAL	500	OPt	0～20
LoAL	−99.9	Aut	4～20	LoAL	−1 000	Aut	SSr
HdAL	300.0	OPL	0	HdAL	9 999	OPL	0
LdAL	−99.9	OPH	100	LdAL	−1 999	OPH	80
AHYS	0.20	OPrt	0	AHYS	5	OPrt	0
AdIS	on	OEF	300.0	AdIS	on	OEF	30.00
AOP	1 111	Addr	6	AOP	31	Addr	9
CtrL	APId	bAud	9 600	CtrL	APId	bAud	9 600
Act	rE	AF	0	Act	rE	AF	0
A—M	MAn	PASD	0	A—M	MAn	PASD	0
At	oFF	SPL	−99.9	At	oFF	SPL	−9.99
P	3.00	SPH	300.0	P	200	SPH	30.00
I	2	SP1	12.00	I	3	SP1	480
d	0.0	SP2	0.00	d	0.0	SP2	0
Ctl	2.0	EP1	nonE	Ctl	2.0	EP1	nonE
CHYS	0.20	EP2	nonE	CHYS	20	EP2	nonE
InP	33	EP3	nonE	InP	33	EP3	nonE
dPt	0.00	EP4	nonE	dPt	0	EP4	nonE

流量				合成器液位			
参数	设置值	参数	设置值	参数	设置值	参数	设置值
SCL	0.00	EP5	nonE	SCL	0	EP5	nonE
SCH	40.00	EP6	nonE	SCH	1 000	EP6	nonE
Scb	0.00	EP7	nonE	Scb	−20	EP7	nonE
FILt	5	EP8	nonE	FILt	7	EP8	nonE
Fru	50C			Fru	50C		

第八章 传热过程综合实训

8.1 实训目的

1. 掌握传热过程的基本原理和流程,学会传热过程的操作,了解操作参数对传热的影响,熟悉换热器的结构与布置情况,学会处理传热过程的不正常情况。

2. 了解不同种类换热器的构造,以空气和水蒸气为传热介质,可以测定不同种类换热器的总传热系数,研究用于教学实验、科研和化工生产中。

3. 通过对换热器的实验研究,掌握总传热系数 K 的测定方法,加深对其概念和影响因素的理解。

4. 了解孔板流量计、液位计、流量计、压力表、温度计等仪表;掌握化工仪表和自动化在传热过程中的应用。

5. 能够控制空气以一定流量通过不同换热器(普通套管式换热器、强化套管式换热器、列管式换热器、螺旋板式换热器)后温度不低于规定值,选择适宜的空气流量和操作方式,并采取正确的操作方法,完成实训指标。

6. 培养学生安全操作、规范、环保、节能的生产意识以及严格遵守操作规程的职业道德。

8.2 传热过程实训工艺流程、控制面板及主要设备

8.2.1 带有控制点的工艺及设备流程图

换热器单元带控制点工艺流程如图 1 所示。本换热器操作仿真采用管壳式换热器。来自界外的冷物流由泵 P101 送至换热器 E101 的管程被流经壳程的热物流加热。冷流物由流量控制器 PIC101 控制,来自另一设备的冷物流由泵 P102 送至换热器 E104 的管程被流经壳程的热物流加热,冷物流出口温度由 TIC101 控制。为保证冷物流的出口温度稳定,TIC101 输出 0～100％对应风机 P102 变频器的开度 100～0％。

8.2.2 实训系统控制面板

传热实训系统控制面板如图 2 所示。

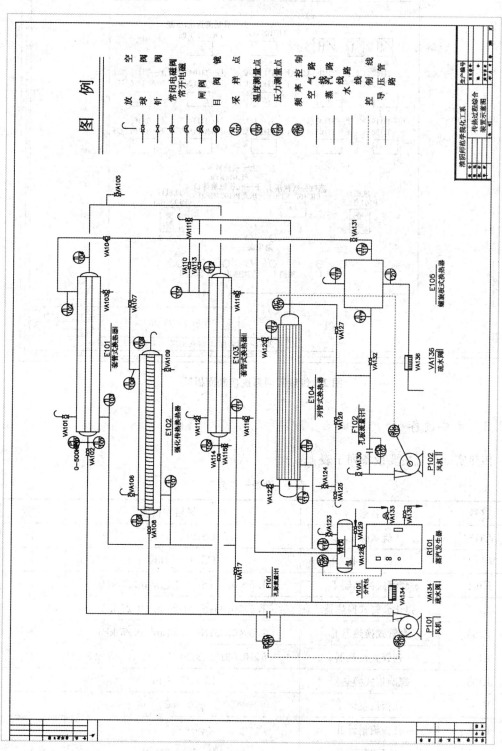

图1 传热实训装置工艺流程图

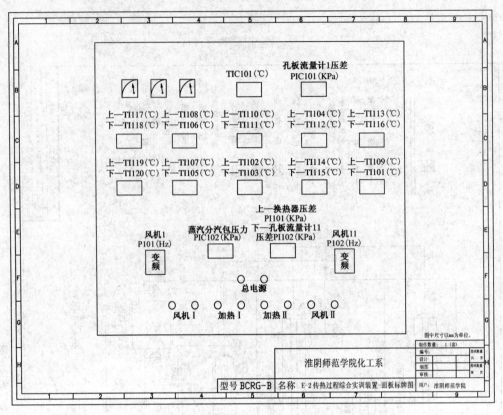

图2 传热实训系统控制面板图

8.2.3 主要设备

传热实训装置主要设备列于表1。

表1 设备一览表

符号	名称	型号、规格和材质	数量
VA134	疏水阀Ⅰ	CS19H－16K	1
VA136	疏水阀Ⅱ	CS19H－16K	1
E101	套管式换热器Ⅰ	$1.5\times0.05;S=0.24\ m^2;0.25\ kPa$	1
E102	强化套管式换热器	$1.5\times0.05;S=0.24\ m^2;0.25\ kPa$	1
E103	套管式换热器Ⅱ	$1.5\times0.05;S=0.24\ m^2;0.25\ kPa$	1
E104	列管式换热器	$1.5\times0.021\times13;S=1.5\ m^2;0.25\ kPa$	1
E105	螺旋板式换热器	$LL1,S=1\ m^2$	1
F101	孔板流量计Ⅰ	$\varphi70\sim\varphi20$	1
F102	孔板流量计Ⅱ	$\varphi70\sim\varphi20$	1
P101	风机Ⅰ	YS－7112,550 W	1
P102	风机Ⅱ	YS－7112,550 W	1

符号	名称	型号、规格和材质	数量
R101	蒸汽发生器	LDR12-0.45-Z	1
V101	分汽包	$\varphi23\times46$	1
PI101	套管换热器Ⅰ压力	0~10 kPa	1
PI102	孔板流量计Ⅱ压差	0~10 kPa	1
PIC101	孔板流量计Ⅰ压差	0~10 kPa,AI519BS	1
TI101	套管换热器Ⅰ温度1	AI501BS	1
TI102	套管换热器Ⅰ温度2	AI501BS	1
TI103	套管换热器Ⅰ温度3	AI501BS	1
TI104	套管换热器Ⅰ温度4	AI501BS	1
TI105	强化套管换热器温度1	AI501BS	1
TI106	强化套管换热器温度2	AI501BS	1
TI107	强化套管换热器温度3	AI501BS	1
TI108	强化套管换热器温度4	AI501BS	1
TI109	套管换热器Ⅱ温度1	AI501BS	1
TI110	套管换热器Ⅱ温度2	AI501BS	1
TI111	套管换热器Ⅱ温度3	AI501BS	1
TI112	套管换热器Ⅱ温度4	AI501BS	1
TI113	列管换热器温度1	AI501BS	1
TI114	列管换热器温度2	AI501BS	1
TI115	列管换热器温度3	AI501BS	1
TIC101	列管换热器温度4	AI519BS	1
TI16	分汽包内温度	AI501BS	1
TI17	螺旋板换热器温度1	AI501BS	1
TI18	螺旋板换热器温度2	AI501BS	1
TI19	螺旋板换热器温度3	AI501BS	1
TI20	螺旋板换热器温度4	AI501BS	1
SIC101	风机Ⅰ的变频器	SV300;1.5 kW	1
SIC101	风机Ⅱ的变频器	SV300;1.5 kW	1

8.3　实训内容及操作步骤

8.3.1　工艺文件准备

了解传热过程基本原理、识读传热岗位的工艺流程图、面板示意图、实训设备一览表；了解普通套管式换热器、强化套管式换热器、列管式换热器与螺旋板式换热器的构造，下面对这四种换热器做一简单介绍。

普通套管式换热器：使用管件将两种尺寸不同的标准管连接成为同心圆的套管。套管换热器结构简单、能耐高压。强化套管式换热器：在套管内部放一根蛇形强化管来强化传热。蛇形强化管由直径 8 mm 以下的不锈钢管按一定节距绕成。将蛇形强化管插入并固定在管内，即可构成一种强化传热管流体一面由于螺旋管的作用而发生旋转，一面还周期性地受到螺旋管的扰动，因而可以使传热强化。强化套管换热器价格低廉，便于防腐蚀，能承受高压，节省能源。列管式换热器：本实验用的是固定管板式换热器，它是列管换热器的一种。它由壳体、管束、管箱、管板、折流挡板、接管件等部分组成。其结构特点是，两块管板分别焊于壳体的两端，管束两端固定在管板上。整个换热器分围两部分：换热管内的通道及与其两端相贯通处称为管程；换热管外的通道及与其相贯通处称为壳程。它具有结构简单和造价低廉的优点。螺旋板式换热器：它是由两张间隔一定的平行薄金属板卷制而成的。两张薄金属板形成两个同心的螺旋形通道，两板之间焊有定距柱以维持通道间距，在螺旋板两侧焊有盖板。冷热流体分别通过两条通道，通过薄板进行换热。

传热是指由于温度差引起的能量转移，又称热传递。由热力学第二定律可知，凡是有温度差存在时，就必然发生从高温处传递到低温处，因此传热是自然界和工程技术领域中极普遍的一种传递现象。无论在能源、宇航、化工、动力、冶金、机械、建筑等工业部门，还是在农业、环境保护等部门中都涉及许多有关传热的问题。

总传热系数 K 是评价换热器性能的一个重要参数，也是对换热器进行传热计算的依据。对于已有的换热器，可以通过测定有关数据，如设备尺寸、流体的流量和温度等，然后由传热速率方程式（2-1）计算 K 值。传热速率方程式是换热器传热计算的基本关系。在该方程式中，冷、热流体的温度差 ΔT 是传热过程的推动力，它随着传热过程冷热流体的温度变化而改变。

传热速率方程式 $$Q = K \times S \times \Delta T_m \qquad (2-1)$$

又根据热量衡算式 $$Q = C_p \times W \times (T_2 - T_1) \qquad (2-2)$$

所以对于总传热系数 $$K = C_p \times W \times (T_2 - T_1)/(S \times \Delta T_m) \qquad (2-3)$$

式中：Q——热量，W；

S——传热面积，m²；

ΔT_m——冷热流体的平均温差，℃；

K——总传热系数，W/(m² · ℃)；

C_P——比热容，J/(kg · ℃)；

W——空气质量流量，kg/s；

$T_2 - T_1$——空气进出口温差，℃。

8.3.2 开车前动、静设备检查训练

开车前首先检查管路、各种换热器、管件、仪表、流体输送设备、蒸汽发生器是否完好，检查阀门、分析测量点是否灵活好用。

检测方法如下：先检查传热设备上的管路有无破损、换热器检查阀门能否开关。打开设备总电源开关，仪表全亮并且数字无任何闪动表示仪表正常。任意打开一种换热器的

空气进出口阀门启动相应的漩涡气泵,如果出口有风冒出则说明气泵运转正常。打开水的总阀开关和进蒸汽发生器水阀 VA133 开关,打开蒸汽发生器电源开关(蒸汽发生器面板上)后,检查蒸汽发生器侧面液位计里面液体的位置,如果液位计液面较低,会听见水泵进水的声音。打开阀门 VA128、VA104,关闭阀门 VA129,打开蒸汽发生器加热开关,过一段时间后发现 VA134 疏水阀下方又蒸汽冒出,这说明蒸汽发生器是完好的(如果蒸汽发生器液面过低,也没有听见水泵进水的声音,有可能是进水泵发生气蚀,请打开蒸汽发生器侧门,打开水泵的放空螺栓放掉水泵的气体直到有水冒出)。

8.3.3 制定开车与岗位操作步骤的训练

传热实训装置的开车步骤:动静态检查完毕后,首先打开任意一种换热器的空气进出口阀,打开阀门 VA128,开蒸汽发生器的开关,打开蒸汽发生器的加热开关(两个开关一起开是 12 kW),待管路蒸汽出口的疏水阀下方有蒸汽冒出,启动相应的风机开关,等数据稳定后记录数据,改变压差等数据稳定后在记录数据。

传热实训装置的停车步骤:先停止蒸汽发生器的加热开关,打开蒸汽发生器上分压包的放空阀门 VA123,放掉蒸汽发生器内的压力避免蒸汽管路残存饱和蒸汽压经过冷却后产生负压,从而把蒸汽发生器水箱内水抽到分压包内,等蒸汽发生器内的压力降到零以后,停止风机开关,关闭阀门 VA128 和空气出口阀,最后关闭总电源开关。

岗位操作规程:由于本实验是气—汽传热实验,用的是 0.05~0.1 MPa 压力下的蒸汽,因此本实验应禁止触摸涉及蒸汽进出口的管路和换热器以免被烫伤。需要做换热器的实验必须要打开冷空气的出口阀,再打开风机开关,以免风机被烧坏。本实验的电压涉及 380 V 高压电,禁止打开仪表柜后备厢和触摸风机以免触电。

记录表格见表 2~7。

8.3.4 漩涡气泵操作技能训练

漩涡气泵是一种特殊的离心气泵,其工作原理和离心气泵相同,即依靠叶轮旋转产生的惯性离心力而吸气和排气,漩涡气泵的压头和功率随气体流量的减小而增大,因此启动泵时出口阀门应全开,并采用旁路调节流量,避免泵在很小的流量下运转。

以漩涡气泵 P101 的操作技能训练为例:启动漩涡气泵有两种方法,一种是手动启动泵:首先打开漩涡气泵的出口阀 VA102、VA105(必须要保证漩涡气泵的出口阀门打开,这样避免漩涡气泵被烧坏),找到控制柜漩涡气泵 P101 的开关,按绿钮就可以启动漩涡气泵了;另一种是电脑启动泵(泵的变频器调到自动):首先打开漩涡气泵的出口阀 VA102、VA105(必须要保证漩涡气泵的出口阀门打开,这样避免漩涡气泵被烧坏),打开电脑桌面的传热实训装置的程序,找到漩涡气泵 P101 的开关,打开开关(变绿表明开启)。

漩涡泵停车步骤:手动启动漩涡泵只需要关闭仪表柜上控制泵 P101 的红色按钮就可以了;电脑停泵只需关闭传热实训程序中漩涡泵 P101 的开关(使其变红就说明关闭了),最后关闭泵的出口阀 VA102、VA105。

8.3.5 套管换热器、列管式换热器、螺旋板式换热器开停车技能训练

1. 套管换热器 E101(规格尺寸见附表)开停车技能训练

首先把所有阀门关闭。打开阀门 VA128 、VA102、VA104、VA105、VA117(必须要保证风机的进出口阀门打开,否则风机会被烧坏。保证蒸汽发生器的蒸汽出口打开避免蒸汽压力过大),打开总电源开关、打开蒸汽发生器电源开关、打开蒸汽发生器加热开关,待疏水阀 VA134 下方有蒸汽冒出,即可打开风机 P101 开关。慢慢旋开阀门 VA101 放出一点蒸汽(注:见到蒸汽即可,这样打开 VA101 是为了放出换热器中的不凝气,以免对数据有影响。调节阀门要一点点调节,避免被烫伤),调节管路空气流量有两种:一种是通过仪表控制(见 11 调节),一种是通过电脑程序调节。在仪表或电脑程序界面上输入一定的压差(一般压差从小到大调节,压差是通过压差传感器 PIC101 测量的),等稳定六七分钟以后记录 TI101、TI102、TI103、TI104 和 PDIC101 的读数,然后在改变风机的压差,稳定六七分钟以后在记录 TI101、TI102、TI103、TI104 和 PIC101 的读数(如表 2 所示),以此类推,记录到最大压差后,先停止蒸汽发生器的加热开关,等蒸汽发生器内的压力降到零以后,停止风机开关,关闭刚才所开的阀门,最后关闭总电源开关。

表 2 套管式换热器数据记录表

装置编号:	1	2	3	4	5	6	7	8
PIC101(kPa)	0.8	1.6	2.2	2.9	3.51	4.1	4.7	5.23
TI101(℃)	20	19.6	19.8	20.3	21.0	21.8	23.0	23.9
TI104(℃)	59.2	60	61.1	61.1	62.1	62.6	63.3	63.9
TI102(℃)	111.8	111.7	111.6	111.5	111.4	111.4	111.3	111.5
TI103(℃)	111.8	111.6	111.7	111.6	111.5	111.6	111.5	111.6

2. 强化套管换热器 E102(规格尺寸见附表)开停车技能训练

首先把所有阀门关闭。打开阀门 VA128 、VA107、VA108、VA117(必须要保证风机的进出口阀门打开,否则风机会被烧坏。保证蒸汽发生器的蒸汽出口打开避免蒸汽压力过大)。打开总电源开关、打开蒸汽发生器电源开关、打开蒸汽发生器加热开关,待疏水阀 VA134 下方有蒸汽冒出,即可打开风机 P101 开关。慢慢旋开阀门 VA106 放出一点蒸汽(注:见到蒸汽即可,这样打开 VA106 是为了放出换热器中的不凝气,以免对数据有影响。调节阀门要一点点调节,避免被烫伤)调节管路空气流量有两种:一种是通过仪表控制,一种是通过电脑程序调节。在电脑程序界面上输入一定的压差(一般压差从小到大调节,压差是通过压差传感器 PIC101 测量的),等稳定六七分钟以后记录 TI105、TI106、TI107、TI108 和 PIC101 的读数(如表 3 所示)。然后改变风机的压差,以后的操作和套管换热器 E101 一样。

表3 强化套管式换热器数据记录表

装置编号:	1	2	3	4	5	6	7
压差 PIC101(kPa)	09	1.5	2.1	2.7	3.4	4.0	4.6
TI105(℃)	21.3	19.0	18.6	18.8	19.6	21.0	22.1
TI108(℃)	84.7	83.7	82.6	82.7	82.5	82.4	82.7
TI106(℃)	111.8	111.9	111.8	111.8	111.7	111.3	111.8
TI107(℃)	111.4	111.6	111.3	111.3	111.3	110.8	111.4

3. 列管换热器 E104(规格尺寸见附表)逆流开停车技能训练

首先把所有阀门关闭。全开阀门 VA130,打开阀门 VA128、VA120、VA126、VA124、VA111、VA117(必须要保证风机的进出口阀门打开,否则风机会被烧坏。保证蒸汽发生器的蒸汽进口打开避免蒸汽压力过大)。打开总电源开关、打开蒸汽发生器电源开关、打开蒸汽发生器加热开关,待疏水阀 VA134 下方有蒸汽冒出,即可打开风机 P102 开关。慢慢旋开阀门 VA122,放出一点蒸汽(注:见到蒸汽即可,这样打开 VA122 是为了放出换热器中的不凝气,以免对数据有影响。调节阀门要一点点调节,避免被烫伤)调节管路空气流量是通过调节阀门 VA130 的开度调节。调节阀门 VA130 调到一定的压差(一般压差从小到大调节,压差是通过压差传感器 PI102 测量的),等稳定六七分钟以后记录 PI102、TI113、TI114、TI115 和 TIC101 的读数(如表4所示)。然后改变风机的压差,以后的操作和套管换热器 E101 一样。

表4 列管式换热器数据记录表

装置编号:	1	2	3	4	5	6	7	8
压差 PI102(kPa)	0.15	0.89	1.58	2.22	2.92	3.51	4.05	4.47
TI113(℃)	16.6	16.1	16.4	17.8	18.9	21.2	23.6	25.5
TIC101(℃)	100.0	96.5	94.6	94.5	95.0	95.6	96.0	96.4
TI114(℃)	111.5	111.7	111.8	111.9	112.0	111.6	111.8	111.9
TI115(℃)	111.8	112.1	112.2	112.4	112.3	112.0	112.1	112.4

4. 螺旋板式换热器 E105(规格尺寸见附表)开停车技能训练

首先把所有阀门关闭。全开阀门 VA130,打开阀门 VA128、VA131、VA132、VA117(必须要保证风机的进出口阀门打开,否则风机会被烧坏。保证蒸汽发生器的蒸汽进口打开避免蒸汽压力过大)。打开总电源开关、打开蒸汽发生器电源开关、打开蒸汽发生器加热开关,待疏水阀 VA136 下方有蒸汽冒出,即可打开风机 P102 开关。调节管路空气流量是通过调节阀门 VA130 的开度调节。调节阀门 VA130 调到一定的压差(一般压差从小到大调节,压差是通过压差传感器 PI102 测量的),等稳定六七分钟以后记录 PI102、TI117、TI118、TI119、TI120 和 TIC101 的读数(如表5所示)。然后改变风机的压差,以后的操作和套管换热器 E101 一样。

表5　螺旋板式换热器数据记录表

装置编号：	1	2	3	4	5	6	7
压差 PI102(kPa)	0.85	1.80	2.66	3.59	4.45	4.99	5.73
TI117(℃)	18.8	18.1	19.0	20.1	22.7	24.6	25.7
TI118(℃)	103.9	106.0	106.5	107.0	107.6	107.2	107.1
TI119(℃)	111.6	111.3	111.6	111.4	111.6	111.4	111.7
TI120(℃)	112.1	111.8	112.1	111.9	111.9	112.1	112.2

8.3.6　传热岗位换热器串联、并联及换热器切换操作技能训练

1. 换热器 E101、E103 之间串联操作训练

首先把所有阀门关闭。确认阀门 VA128 处于开启状态，阀门 VA129 处于关闭状态。打开阀门 VA102、VA115、VA104、VA110、VA117(必须要保证风机的进出口阀门打开，否则风机会被烧坏。保证蒸汽发生器的蒸汽进口打开避免蒸汽压力过大)，打开总电源开关，打开蒸汽发生器电源开关，打开蒸汽发生器加热开关，待疏水阀 VA134 下方有蒸汽冒出，即可打开风机 P101 开关。慢慢旋开阀门 VA101、VA112 放出一点蒸汽(注：这样打开VA101、VA112，是为了放出换热器中的不凝气，以免对数据有影响。调节阀门要一点点调节，避免被烫伤)，调节管路空气流量有两种：一种是通过仪表控制，一种是通过电脑程序调节。在仪表或电脑程序界面上输入一定的压差(一般压差从小到大调节，压差是通过压差传感器 PIC101 测量的)，等稳定六七分钟，待数据稳定后记录 TI101、TI102、TI103、TI104、TI109、TI110、TI111、TI112 和 PIC101 的读数，然后在改变风机的压差，稳定六七分钟以后再记录 TI101、TI102、TI103、TI104、TI109、TI110、TI111、TI112 和 PIC101 的读数(必须要稳定一段时间才能记录数据否则会造成数据不准确)，以此类推，记到最大压差后，大概记录七八组数据(如表6所示)，停止蒸汽发生器加热开关，关闭蒸汽发生器电源开关，再停风机开关，关闭总电源开关，关闭所有阀门。

表6　套管式换热器串联数据记录表

装置编号：	1	2	3	4	5	6	7
压差 PIC101(kPa)	0.8	1.5	2.2	2.9	3.6	4.3	5.04
TI101(℃)	22.3	21.3	20.9	21.0	21.8	23.2	24.3
TI104(℃)	60.9	60.8	61.0	61.4	62.2	63.1	63.8
TI102(℃)	111.7	111.7	111.4	111.6	111.7	111.7	111.6
TI103(℃)	111.8	111.8	111.7	111.7	111.8	111.8	111.7
TI109(℃)	76.7	78.0	78.7	78.0	77.6	78.3	77.8
TI112(℃)	44.5	44.9	45.8	46.5	47.2	48.5	49.4
TI110(℃)	112.9	112.1	112.0	112.1	112.0	112.0	112.0
TI111(℃)	111.9	112.0	111.8	112.0	111.8	112.0	111.8

2. 换热器 E101、E103 之间并联操作训练

首先把所有阀门关闭。打开阀门 VA128、VA102、VA105、VA114、VA116、VA104、VA110、VA117(必须要保证风机的进出口阀门打开,否则风机会被烧坏。保证蒸汽发生器的蒸汽进口打开避免蒸汽压力过大),打开总电源开关、打开蒸汽发生器电源开关、打开蒸汽发生器加热开关,待疏水阀 VA134 下方有蒸汽冒出,即可打开风机 P101 开关。慢慢旋开阀门 VA101、VA112 放出一点蒸汽(注:见到蒸汽即可,这样打开 VA101 VA112、是为了放出换热器中的不凝气,以免对数据有影响。调节阀门要一点点调节,避免被烫伤),调节管路空气流量有两种:一种是通过仪表控制,一种是通过电脑程序调节。在仪表或电脑程序界面上输入一定的压差(一般压差从小到大调节,压差是通过压差传感器 PIC101 测量的),等稳定六七分钟以后记录 TI101、TI102、TI103、TI104、TI109、TI110、TI111、TI112 和 PIC101 的读数,然后再改变风机的压差,稳定六七分钟以后在记录 TI101、TI102、TI103、TI104、TI109、TI110、TI111、TI112 和 PIC101 的读数(必须要稳定一段时间才能记录数据否则会造成数据不准确),以此类推到最大压差后,大概记录七八组数据,停止蒸汽发生器加热开关,关闭蒸汽发生器电源开关,再停风机开关,关闭总电源开关,关闭所有阀门。

8.3.7　换热器内冷热流体逆流并流操作技能训练

1. 列管换热器 E104 冷空气与热蒸汽逆流、并流操作技能训练

(1) 列管换热器 E104 逆流实训

首先把所有阀门关闭。打开阀门 VA128 、VA120、VA126、VA124、VA111(必须要保证风机的进出口阀门打开,否则风机会被烧坏。保证蒸汽发生器的蒸汽进口打开避免蒸汽压力过大)。打开总电源开关、打开蒸汽发生器电源开关、打开蒸汽发生器加热开关,待疏水阀 VA134 下方有蒸汽冒出,即可打开风机 P102 开关。慢慢旋开阀门 VA122,放出一点蒸汽(注:见到蒸汽即可,这样打开 VA122 是为了放出换热器中的不凝气,以免对数据有影响。调节阀门要一点点调节,避免被烫伤),手动调节阀门 VA130,等稳定六七分钟以后记录 PI102、TI113、TI114、TI115 和 TIC101 的读数。然后改变风机的压差,稳定后记录以上数据。以此类推到最大压差后,大概记录七八组数据,关闭蒸汽发生器加热开关,关闭蒸汽发生器电源开关,停风机开关,关闭总电源开关,关闭所有阀门。

(2) 列管换热器 E104 并流实训

首先把所有阀门关闭。打开阀门 VA128 、VA124、VA125、VA127、VA120(必须要保证风机的进出口阀门打开,否则风机会被烧坏。保证蒸汽发生器的蒸汽进口打开避免蒸汽压力过大)。打开总电源开关、打开蒸汽发生器电源开关、打开蒸汽发生器加热开关,待疏水阀 VA134 下方有蒸汽冒出,即可打开风机 P102 开关。慢慢旋开阀门 VA122,放出一点蒸汽(注:见到蒸汽即可,这样打开 VA122 是为了放出换热器中的不凝气,以免对数据有影响。调节阀门要一点点调节,避免被烫伤),手动调节阀门 VA130,等稳定六七分钟以后记录 TI113、PI102、TI114、TI115、和 TIC101 的读数。然后改变风机的压差,稳定后记录以上数据(如表 7 所示)。以此类推记到最大压差后,大概记录七八组数据,关闭蒸汽发生器加热开关,关闭蒸汽发生器电源开关,再停风机开

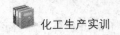

关,关闭总电源开关,关闭所有阀门。

表7　列管式换热器并流数据记录表

装置编号：	1	2	3	4	5	6	7
压差 PI102(kPa)	0.21	1.00	1.86	2.66	3.26	3.68	4.45
TI113(℃)	23.5	18.5	17.9	19.0	19.7	21.8	24.0
TIC101(℃)	86.7	89.2	90.6	91.3	91.2	91.5	91.8
TI114(℃)	111.9	111.8	111.7	112.0	111.9	112.0	111.8
TI115(℃)	112.2	112.1	112.1	112.2	112.2	112.3	112.2

8.3.8　传热岗位化工仪表操作技能训练

孔板流量计、差压变送器、热电阻、液位计、压力表、数字显示仪表的使用;仪表联动调节。

1. 流量控制或温度控制用 AI519 表,即 PIC101、TIC101 数值的修改:修改仪表面板上(数据设定值)中的数值,可以利用仪表的(数字上调键)增加数值或(数字下调键)减小数值,按键并保持不动可以快速地数值进行增加或减小。也可以利用(数字位置键)直接对所要修改的数值进行修改,所修改数值位的小数点会闪动,如同光标。如图 3 所示。

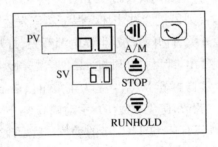

PV 6.0
A/M

SV 6.0
STOP

RUNHOLD

图3　仪表值修改示意图

如果仪表控制所需要的流量或温度误差很大,那么需要仪表自整定,按住键不放会进入到界面 PV 显示 AT,SV 界面显示 OFF,按下键就可以改为 ON,再按一下键就可以回到初始界面(SV 界面数值会一闪一闪,这个显示正常),这个时候仪表已经在自动整定了,直到能控制所需要的数据误差不大为止。整定完毕后仪表会恢复自如。

2. 变频器的手动与自动转换

变频器数值的改变可以在计算机程序界面中改动(变频器处与自动状态),也可以在变频器的操作面板上进行改动(变频器处与手动状态)。在计算机程序控制的情况下将无法进行手动变频器的操作面板数值改动,需要进行自动与手动的切换。相关具体操作如下:

仪表送电后,变频器显示为"50.00"或 0000,按"DSP/FUN"(参数设定)键(见图 2 控制面板示意图),屏幕显示 F000,利用"RESET"(数值位置键)、"∧"(数值上调)键、"∨"(数值下降)键调节 F000 为 F010,按"READ/ENTER"(参数确定)键,面板屏幕显示"0000",可以再利用"RESET"(数值位置键)、"∧"(数值上调)键、"∨"(数值下降)键,将数值改为"0000"(按键面板设定频率即手动控制)、"0001"(运转指令由外部端子设定即由计算机或面板上电位器设定),调节 F000 为 F011,按"READ/ENTER"(参数确定)键,面板屏幕显示"0000",可以再利用"RESET"(数值位置键)、"∧"(数值上调)键、"∨"(数值下降)键,将数值改为"0000"(按键面板设定频率即手动控制)、"0001"(运转指令由外部端子设定即由计算机或面板上电位器设定)、"0002"(频率指令由 TM2 上电位器或仪表计算机控制)。设定好后按"READ/ENTER"(参数确定)键,面板屏幕恢复到"F010 或 F011"状态,再按"DSP/FUN"(参数设定)键,退出参数设定项,面板屏幕将显示你所选择的频率设定方式所对应的状态,见图 4 参数修改示意图。

面板外形及显示说明　　　　　　　　　　面板显示及操作说明

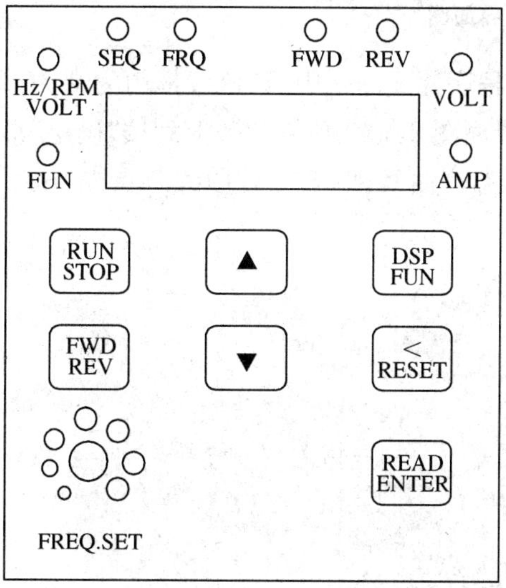

1. SEQ 指示灯:F_010 设为 1 时,指示灯常亮。

2. FRQ 指示灯:F_011 设为 1/2/3 时,指示灯常亮。

3. FWD 指示灯:转向设定为正转时,指示灯会动作(停机中闪烁,运转后则处于常亮状态)。

4. REV 指示灯:转向设定为反转时,指示灯会动作(停机中闪烁,运转后则处于常亮状态)。

5. FUN、Hz/PRM、VOLT、AMP 等 4 种指示灯动作,及四个 7 段显示器的显示内容请参考操作面板按键说明。转向设定为正转时,指示灯会动作(停机中闪烁,运转后则处于常亮状态)。

图 4　变频器控制面板示意图

> **注意**:本设备上实现手动的参数为进入 F010 后改为 0000,F011 改为 0000。计算机控制 F010 改为 0001,F011 改为 0002。FWD/REV 为正反转调节。

8.3.9　传热岗位 DCS 控制系统操作技能训练

用现场控制柜的计算机对实训装置进行开停车操作、数据采集、参数控制和异常现象处理。

1. 将实训设备上阀门调到所需位置,打开"总电源"按钮,将设备上电。

2. 将变频器调整到自动状态下后,启动计算机,进入 Windows 后,双击桌面文件"传热操作实训"图标,进入"传热实训计算机控制程序",如图 5 界面图,点击界面,进入主程序。

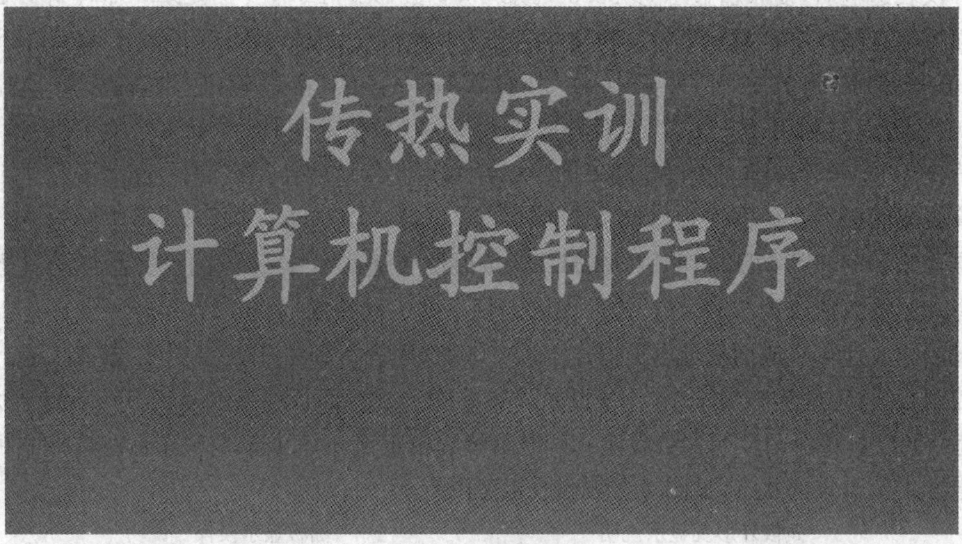

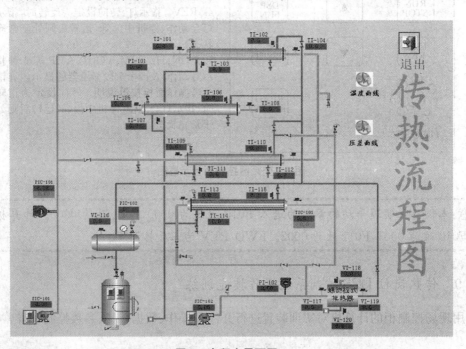

图5　界面图

进入主程序后,进行相关操作,见图6主程序界面图1中,红色线框内为开关,绿色框内为调整数值输入框,点击后见图7主程序界面图2,输入所需的数值后按"确定"键,输入数值被写入。我们点击"温度曲线"进行查看温度曲线(图8温度曲线),点击"压力曲线"查看压力曲线(图9压力曲线)。

图6　主程序界面图1

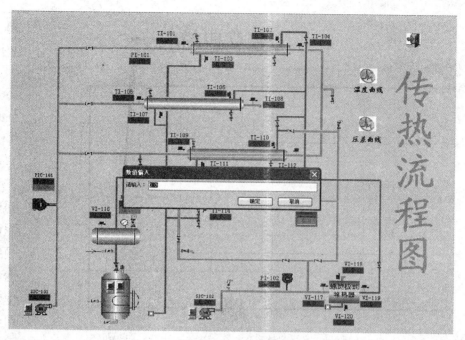

图7 主程序界面图2

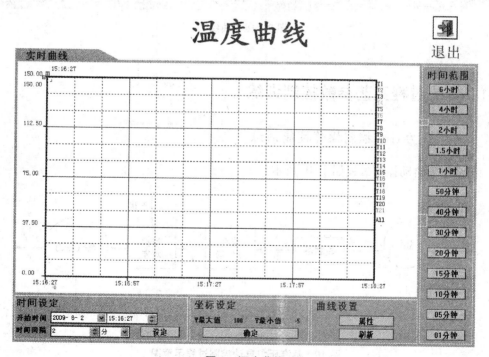

图8 温度曲线

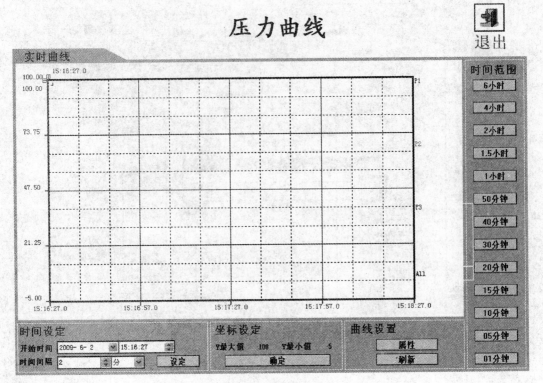

图 9 压力曲线

8.4 传热过程工艺参数控制训练

8.4.1 蒸汽压力自动控制操作技能训练

蒸汽压力自动控制过程如图 10 所示。

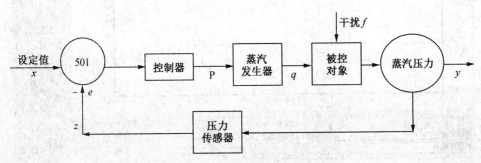

图 10 蒸汽压力自动控制过程示意图

图 10 表示的控制过程为:图 10 中 501 为比较器,它是控制器的一个部分,不是独立的元件,只是为了说明其作用把它单独画了出来。干扰 f 是除蒸汽发生器外其他对压力缓冲罐内蒸汽压力产生影响的因素。被控对象为压力缓冲罐,压力缓冲罐内的蒸汽压力为被控对象的被控变量,它是被控对象压力缓冲罐的一个部分,不是独立的元件,只是为了

说明其作用把它单独画了出来。当干扰 f 发生作用时,被控对象的被控变量 y(即压力缓冲罐内的蒸汽压力)发生变化,测量元件测出其变化值 z 送到比较器与设定值 x 进行比较,得出偏差 $e=x-z$,控制器根据偏差的大小按事先设定好的控制规律运算后输出一个控制信号 p 给蒸汽发生器,蒸汽发生器根据信号 P 的大小来调整操纵变量 q(蒸汽发生器釜内的加热开关)发生相应的改变,从而使被控对象的输出—被控变量保持稳定。

蒸汽压力是通过仪表 PIC102 控制的,显示蒸汽压力的仪表是 AI501 型显示仪,如图11 所示,蒸汽压力的控制范围可以设定在 0.05 MPa～0.1 MPa,具体仪表控制操作如下:

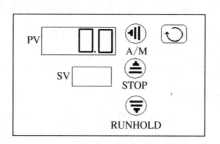

图 11　AI501 数字仪表面板图

仪表上的 PV 代表的是实测的值,SV 显示参数。按住⟳键不放 3～4 秒以后就会进入到仪表的参数设定界面,首先看到的是 PV 界面显示的是 H. AL 是上限报警参数调节,SV 界面显示的是我们所需要控制的压力,例如要控制压力到 0.1 MPa,那就把 SV 界面的数值改为 100,此时压力的单位是 kPa,显示的是 100 kPa。再按一下⟳然后先按住 A/M 在同时按住⟳就回到初始界面。

8.4.2　空气流量控制操作技能训练

空气流量控制过程如图 12 所示。

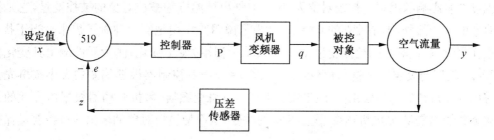

图 12　空气流量自动控制过程示意图

图 12 表示的控制过程为:图 12 中 519 为比较器,它是控制器的一个部分,不是独立的元件,只是为了说明其作用把它单独画了出来。干扰 f 是除风机变频器外其他对空气流量产生影响的因素。被控对象为空气,空气流量为被控对象的被控变量,它是被控对象的一个部分,不是独立的元件,只是为了说明其作用把它单独画了出来。当干扰 f 发生作用时,被控对象的被控变量 y(即空气流量)发生变化,测量元件测出其变化值 z 送到比较器与设定值 x 进行比较,得出偏差 $e=x-z$,控制器根据偏差的大小按事先设定好的控制规律运算后输出一个控制信号 P 给风机变频器,风机变频器根据信号 p 的大小来调整操纵

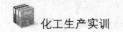

变量 q(风机频率)发生相应的改变,从而使被控对象的输出—被控变量保持稳定。

控制风机 P101 操作技能举例:控制风机流量有两种方法:

(1) 手动调节仪表控制流量

首先把所有阀门关闭。打开阀门 VA102、VA104、VA105(必须要保证风机的进出口阀门打开,否则风机会被烧坏),打开总电源开关,在 PIC101 仪表上手动调节,按仪表的向左键,调节向上向下键调到所需要的流量,稳定一段时间就可以到所需要的流量。

(2) 电脑程序控制流量

直接打开电脑传热程序在界面上找到 PIC101 点击它到输入界面上输入所需要的流量,启动风机开关稳定一段时间就可以控制到所需要的流量了。

8.4.3　实现空气通过列管式换热器出口温度控制技能训练

出口温度控制过程如图 13 所示。

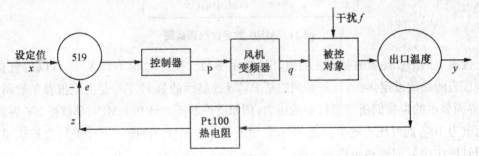

图 13　出口温度自动控制过程示意图

图 13 表示的控制过程为:图 13 中 519 为比较器,它是控制器的一个部分,不是独立的元件,只是为了说明其作用把它单独画了出来。干扰 f 是除风机变频器外其他对空气出口温度产生影响的因素。被控对象为空气,空气出口温度为被控对象的被控变量,它是被控对象的一个部分,不是独立的元件,只是为了说明其作用把它单独画了出来。当干扰 f 发生作用时,被控对象的被控变量 y(即空气出口温度)发生变化,测量元件测出其变化值 z 送到比较器与设定值 x 进行比较,得出偏差 $e=x-z$,控制器根据偏差的大小按事先设定好的控制规律运算后输出一个控制信号 P 给风机变频器,风机变频器根据信号 p 的大小来调整操纵变量 q(风机频率)发生相应的改变,从而使被控对象的输出—被控变量保持稳定。

首先把所有阀门关闭。打开阀门 VA128 、VA120、VA126、VA124、VA111(必须要保证风机的进出口阀门打开,否则风机会被烧坏。保证蒸汽发生器的蒸汽出口打开避免蒸汽压力过大)。打开总电源开关,打开蒸汽发生器加热开关,待疏水阀 VA134 下方有蒸汽冒出,慢慢旋开阀门 VA122,放出一点蒸汽(注:见到蒸汽冒出即可,这样打开 VA122 是为了放出换热器中的不凝气,以免对数据有影响。调节阀门要一点点调节,避免被烫伤)。控制温度有两种方法:一种是手动仪表控制;一种是电脑操作。列管式换热器空气出口温度大概是 95~100℃,我们可以在这个范围内控制温度。在 TIC101 仪表上手动调节,按仪表的向左键,调节向上向下键调到所需要的流量或直接打开电脑传热程序在界面上找到 TIC101 点击它到输入界面上输入所需要的温度,启动风机 P102,仪表会自动控制到所需要的温度。

8.5　异常现象排除实训任务

通过总控制室计算机或远程遥控制造异常现象,如表 8 和表 9 所示。

表 8　制造故障及产生原因

序号	故障现象	产生原因分析	处理思路	解决办法	备注
1	无空气流量	泵坏、管路堵塞	检查管路、泵		
2	无蒸汽或蒸汽量减小	蒸汽发生器坏了、仪表控制参数有改动	检查仪表、检查蒸汽发生器		
3	空气流量变大	泵出问题、流量控制仪表参数改动	检查泵和仪表		
4	设备全部停电	设备有漏电地方	检查电路		

表 9　遥控器故障设计

遥控器按键名称	事故制造内容
A	关风机 2
B	关加热
C	开风机 2
D	开风机 1
E	停总电源
F	关风机 1

8.6　技能考核内容

任务要求:空气以一定流量通过不同的换热器(套管式换热器、蛇形强化管式换热器、列管式换热器、螺旋板式换热器)后温度不低于规定值,考生应选择适宜的空气流量和操作方式,并采取正确的操作方法,完成实训指标。

技能考核之一:空气流量为 50 m³/h 时,要求空气出口温度达到 60℃;

技能考核之二:空气流量为 50 m³/h 时,要求空气出口温度达到 85℃;

技能考核之三:空气流量为 50 m³/h 时,要求空气出口温度达到 105℃;

技能考核之四:空气流量为 50 m³/h 时,要求空气出口温度达到 95℃。

8.7　思考题

1. 工业上常用换热器类型有哪些? 各自优缺点是什么?

2. 传热系数 K 如何测定? 主要影响因素有哪些?

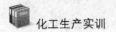

3. 换热器串联和并联使用的条件是什么?

4. 换热器设备选型时应遵从哪些原则?

8.8　实训数据计算和结果案例

表 10　套管换热器数据表

压差 Pa	空气进口温度℃	空气出口温度℃	蒸汽进口温度℃	蒸汽出口温度℃
0.8	20	59.2	111.8	111.8
1.6	19.6	60	111.7	111.6
2.2	19.8	61.1	1116	111.7
2.9	20.3	61.1	111.5	111.6
3.51	21.0	62.1	111.4	111.5
4.1	21.8	62.6	111.4	111.6
4.7	23.0	63.3	111.3	111.5
5.23	23.9	63.9	111.5	111.6

传热速率方程式: $$Q = K \times S \times \Delta T_m \tag{7-1}$$

根据热量衡算式; $$Q = C_p \times W \times (T_2 - T_1) \tag{7-2}$$

换热器的换热面积: $$S_i = \pi d_i L_i$$

式中: d_i—内管管内径, m;

　　L_i—传热管测量段的实际长度, m。

$$W_m = \frac{V_m \rho_m}{3\,600}$$

压差由孔板流量计测量 $$V_{t1} = C_0 \times A_0 \times \sqrt{\frac{2 \times \Delta p}{\rho_{t1}}} \tag{7-3}$$

式中: C_0——孔板流量计孔流系数, $C_0 = 0.7$;

　　A_0——孔的面积, m²;

　　d_0——孔板孔径, $d_0 = 0.017$ m;

　　Δp——孔板两端压差, kPa。

由于换热器内温度的变化, 传热管内的体积流量需进行校正:

$$V_m = V_{t1} \times \frac{273 + t_m}{273 + t_1} \tag{7-4}$$

式中: ρ_{t1}——空气入口温度(即 流量计处温度)下密度, kg/m³;

　　V_m——传热管内平均体积流量, m³/h;

　　t_m——传热管内平均温度, ℃。

以第一组数据计算为例：

压差为 0.8 kPa　　空气进口温度 20℃；　　空气出口温度 59.2℃

蒸汽进口温度 111.8℃　　蒸汽出口温度 111.8℃。

换热器内换热面积：$S_i = \pi d_i L_i$　　$d = 0.05$ m　　　$L = 1.5$ m

$$S = 3.14 \times 0.05 \times 1.5 = 0.24 \ \text{m}^2$$

体积流量：
$$V_{t1} = C_0 \times A_0 \times \sqrt{\frac{2 \times \Delta p}{\rho_{t1}}}$$

$C_0 = 0.7$　　$d_0 = 0.017$ m　　查表得密度 $\rho = 1.20$ kg/m³

$$V_{T1} = 0.7 \times 3.14 \times 0.017^2 / 4 \times (2 \times 0.8 \times 1\,000 / 1.20)^{0.5}$$
$$= 20.9 \ \text{m}^3/\text{h}$$

校正后得：

$$V_m = V_{t1} \times \frac{273 + t_m}{273 + t_1}　　　t_m = (t_1 + t_2)/2$$
$$= 20.9 \times [273 + (20 + 59.2)/2]/(273 + 20)$$
$$= 22.30 \ \text{m}^3/\text{h}$$

在 t_m 下查表得密度 $\rho = 1.13$ kg/m³

所以　　$W_m = \dfrac{V_m \rho_m}{3\,600} = 1.13 \times 22.30/3\,600 = 0.007\,0$ kg/h

根据热量衡算式：　　$Q = C_p \times W \times (T_2 - T_1)$　　查表得 $C_P = 1\,005$ J/(kg·℃)
代入：
$$= 0.007\,0 \times 1\,005 \times (59.2 - 20) = 275.76 \ \text{W}$$

热流体温度　　　111.8 — 111.8

冷流体温度　　　59.2 — 20

Δt　　　　　　91.8　　　52.6

$$\Delta t_m = (\Delta t_2 - \Delta t_1)/\text{Ln}(\Delta t_2 / \Delta t_1)$$
$$= (91.8 - 52.6)/\text{Ln}(91.8/52.6)$$
$$= 70.39℃$$

由传热速率方程式知：$Q = K \times S \times \Delta T_m$　　所以：$K = Q/(S \times \Delta T_m)$

$$K = 197.43/0.24/70.39 = 16.63 \text{W}/(\text{m}^2 \cdot ℃)$$

同理其他换热器都可以算出。

第九章 二氧化碳吸收与解吸实训

9.1 实训目的

1. 了解填料吸收塔的结构与附属设备,了解填料塔塔内压降、液泛等不正常情况;掌握吸收与解吸分离过程的原理和流程,吸收与解吸塔的操作及影响因素。

2. 能够熟练运用基本技能完成工业吸收与解吸操作,独立处理吸收与解吸操作中出现的问题,解决本吸收与解吸操作中的工艺难题。在工艺革新和技术改革方面有一定的资源分配能力。培养学生解决实际复杂工程问题的能力。

3. 训练学生判断模拟实际生产过程容易出现故障的名称、分析故障原因以及确定排除故障方法,到最终动手排除故障的技能。

4. 针对二氧化碳-水吸收体系,学生能够选择适宜的吸收液流量和温度,并通过实际操作完成指标。

5. 掌握解吸塔内上升气体流量自动控制技能、吸收与解吸塔内液体流量自动控制技能;出现意外事故出现时,要熟悉自锁和联动功能的使用。

6. 实训能够为化工专业学生根据国家职业标准要求所需完成的吸收工初、中、高级的技能认定打下坚实的基础。

9.2 吸收解吸实训工艺流程、控制面板及主要设备

9.2.1 吸收与解吸生产工艺

空气(载体)由空气气泵提供,二氧化碳(溶质)由钢瓶提供,二者混合后从吸收塔的底部进入吸收塔向上流动通过吸收塔,与下降的吸收剂逆流接触吸收,吸收尾气排空;吸收剂(解吸液)存储于解吸液储槽,经解吸液泵输送至吸收塔的顶端向下流动经过吸收塔,与上升的气体逆流接触吸收其中的溶质(二氧化碳),吸收液从吸收塔底部进入吸收液储槽。

空气(解吸惰性气体)由漩涡气泵提供,从解吸塔的底部进入解吸塔向上流动通过解吸塔,与下降的吸收液逆流接触进行解吸,解吸尾气排空;吸收液存储于吸收液储槽,经吸收液泵输送至解吸塔的顶端向下流动经过解吸塔,与上升的气体逆流接触解吸其中的溶质(二氧化碳),解吸液从解吸塔底部进入解吸液储槽。

9.2.2 带有控制点的工艺及设备流程图

带有控制点的吸收解吸工艺及设备流程如图1所示。

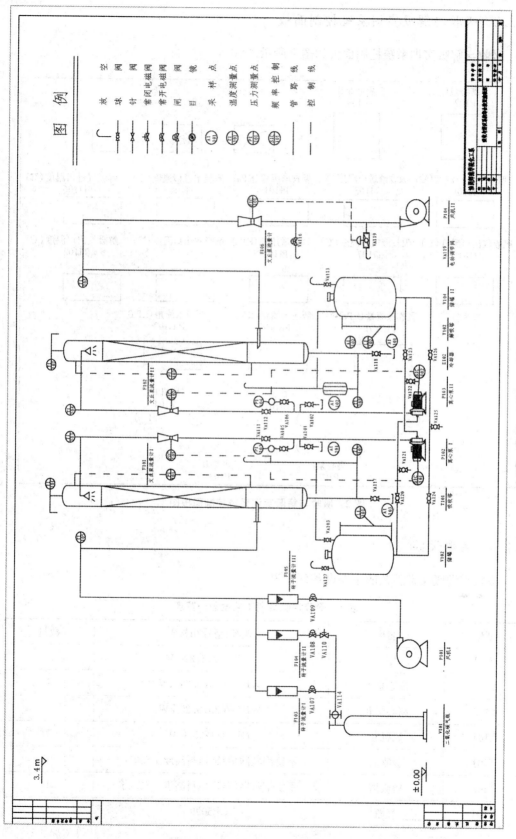

图1　带有控制点的吸收解吸工艺流程图

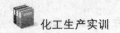

9.2.3 吸收与解吸实训系统控制面板

吸收与解吸实训系统控制面板如图2所示。

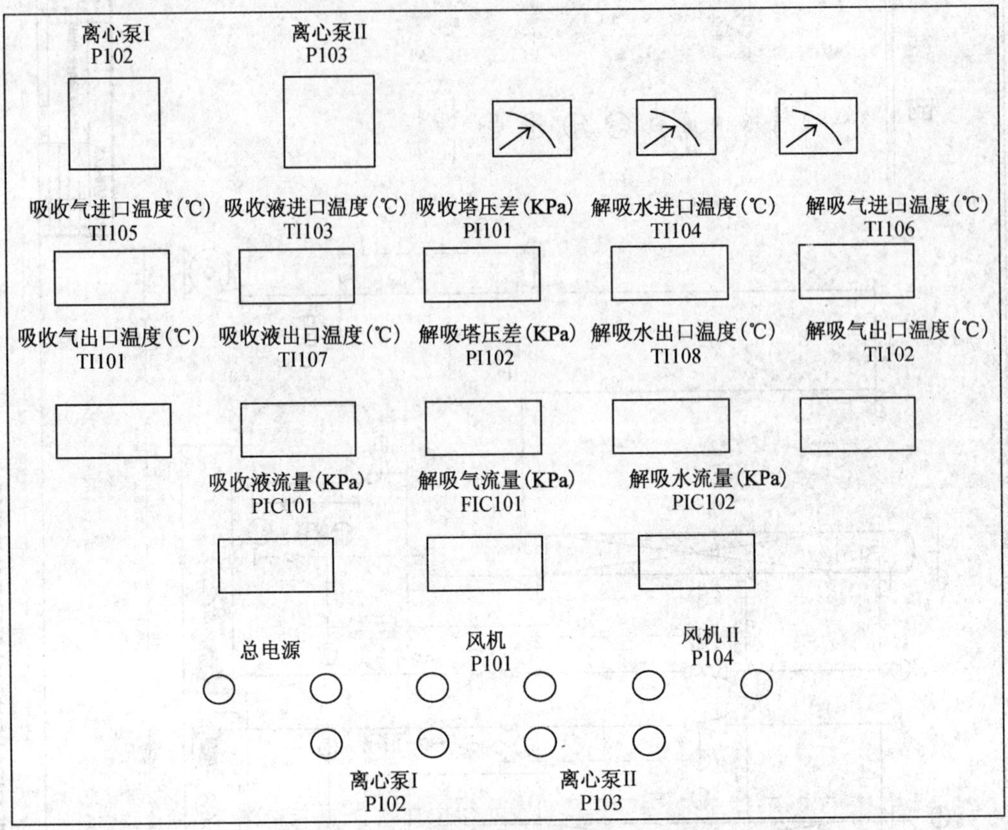

离心泵I
P102

离心泵II
P103

吸收气进口温度(℃)　吸收液进口温度(℃)　吸收塔压差(KPa)　解吸水进口温度(℃)　解吸气进口温度(℃)
TI105　　　　　　　TI103　　　　　　　PI101　　　　　　TI104　　　　　　　TI106

吸收气出口温度(℃)　吸收液出口温度(℃)　解吸塔压差(KPa)　解吸水出口温度(℃)　解吸气出口温度(℃)
TI101　　　　　　　TI107　　　　　　　PI102　　　　　　TI108　　　　　　　TI102

吸收液流量(KPa)　解吸气流量(KPa)　解吸水流量(KPa)
PIC101　　　　　　FIC101　　　　　　PIC102

总电源　　　　　　风机　　　　　　风机II
　　　　　　　　　P101　　　　　　P104

离心泵I　　　　　　离心泵II
P102　　　　　　　P103

图2　吸收与解吸实训系统控制面板图

9.2.4 主要设备

吸收与解吸实训工艺的主要设备列于表1。

表1　吸收解吸实训工艺设备一览表

型号	名称	规格、型号和材质	数量
P101	风机 I	ACO-016;220 V	1
P102	离心泵 I	WB50/025;0.25 kW	1
P103	离心泵 II	WB50/025;0.25 kW	1
P104	风机 II	YS-7112,550 W	1
T101	吸收塔	不锈钢丝网填料,填料高度1 750 m	1
T102	解吸塔	不锈钢丝网填料,填料高度1 750 m	1
V101	气瓶	GB5099	1

续　表

型号	名称	规格、型号和材质	数量
V102	储罐 I	$\varphi 400 \times 700$	1
V103	取样罐	$\varphi 100 \times 320$	1
V104	储罐 II	$\varphi 400 \times 700$	1
F101	文丘里流量计 I	喉孔:8 mm	1
F102	文丘里流量计 II	喉孔:8 mm	1
TI101	吸收塔温度 I	AI501FS	1
TI102	解吸塔温度 I	AI501FS	1
TI103	吸收塔温度 II	AI501FS	1
TI104	吸收塔温度 III	AI501FS	1
TI105	吸收塔温度 IV	AI501FS	1
TIC101	解吸塔温度 II	AI519FS	1
PI101	吸收塔整塔压力	AI501FS	1
PI102	解吸塔整塔压力	AI501FS	1
PIC101	文丘里流量计 I 压差	$0\sim10$ kPa	1
PIC102	文丘里流量计 II 压差	$0\sim10$ kPa	1
FIC101	电动蝶阀	QSVW－16K,DN50	1
LI101	储罐 I 液位	石英液位计	1
LI102	储罐 II 液位	石英液位计	1
SIC101	离心泵 I 频率	N2－401－H3,0.75 kW	1
SIC102	离心泵 II 频率	N2－401－H3,0.75 kW	1

9.3　吸收与解吸生产过程工艺参数控制技术

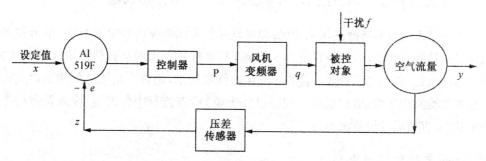

图 3　空气流量自动控制过程示意图

图 3 表示的控制过程为:图 3 中 AI519 为比较器,它是控制器的一个部分,不是独立的元件,只是为了说明其作用把它单独画了出来。干扰 f 是除风机变频器外其他对空气流量产生影响的因素。被控对象为空气,空气流量为被控对象的被控变量,它是被控对象的一个部分,不是独立的元件,只是为了说明其作用把它单独画了出来。当干扰 f 发生作用时,被控对象的被控变量 y(即空气流量)发生变化,测量元件测出其变化值 z 送到比较器与设定值 x 进行比较,得出偏差 $e=x-z$,控制器根据偏差的大小按事先设定好的控制规律运算后输出一个控制信号 P 给风机变频器,风机变频器根据信号 p 的大小来调整操纵变量 q(风机频率)发生相应的改变,从而使被控对象的输出—被控变量保持稳定。

9.4 实训内容及操作步骤

9.4.1 工艺文件准备

阅读吸收、解吸生产过程工艺文件,能识读吸收岗位的工艺流程图、实训设备示意图、实训设备的平面和立面布置图,能绘制工艺配管简图,能实读仪表联锁图。熟悉吸收塔、解吸塔、填料及附属设备的结构和布置。

9.4.2 开车前动、静设备检查训练

1. 开车前检查 T101 吸收塔、T102 解吸塔的玻璃段完好情况有无破损;
2. 开车前检查各个管件有无破损;
3. 开车前检查仪表,检查办法:打开吸收与解吸实训装置的控制柜上总电源开关,仪表全亮并无异常现象(如不断闪烁为异常现象),说明仪表能正常工作;
4. 检查离心泵 P102、P103 的叶轮是否能转动自如;
5. 检查漩涡气泵 P104 的叶轮能否转动自如;
6. 检查所有阀门能否开关,保证灵活好用;
7. 检查测量点、分析取样点能否正常取样分析。

9.4.3 检查原料液、原料气、水、电等公用工程供应情况训练

开车前首先检查原料液的供应情况:即观察原料液储罐 V102、储罐 V104 的液位计里的液位是否达到开车要求,如果没有达到要求,需要打开进水的总阀使水进入到储罐内,达到所需的液位,关闭进水总阀。检查二氧化碳钢瓶储量,是否有足够二氧化碳供实训使用。检查实验室内的水、电的供应情况。设备上电,检查流程中各设备、仪表是否处于正常开车状态,准备启动设备试车。

9.4.4 制定操作记录表格

根据实训任务制定相关的操作记录表格。

表 2　吸收与解吸实训数据记录表

采集时间(min)						
吸收气进塔温度(℃)						
吸收气出塔温度(℃)						
解吸气进塔温度(℃)						
解吸气出塔温度(℃)						
吸收液进塔温度(℃)						
采集时间(min)						
吸收液出塔温度(℃)						
解吸液进塔温度(℃)						
解吸液出塔温度(℃)						
吸收塔内压差(kPa)						
解吸塔内压差(kPa)						
吸收液泵频率(Hz)						
解吸液泵频率(Hz)						
吸收液流量(L/h)						
解吸收液流量(L/h)						
吸收气流量(L/h)						
解吸收气流量(m³/h)						

9.4.5　二氧化碳气瓶安全性检测

1. 使用高压钢瓶的主要危险是钢瓶可能爆炸和漏气。若钢瓶受日光直晒或靠近热源,瓶内气体受热膨胀,以致压力超过钢瓶的耐压强度时,容易引起钢瓶爆炸。

2. 搬运钢瓶时,钢瓶上要有钢瓶帽和橡胶安全圈,并严防钢瓶摔倒或受到撞击,以免发生意外爆炸事故。使用钢瓶时,必须牢靠地固定在架子上、墙上或实训台旁。

3. 绝不可把油或其他易燃性有机物黏附在钢瓶上(特别是出口和气压表处);也不可用麻、棉等物堵漏,以防燃烧引起事故。

4. 使用钢瓶时,一定要用气压表,而且各种气压表一般不能混用。气体的钢瓶气门螺纹是正扣的。

5. 使用钢瓶时必须连接减压阀或高压调节阀,不经这些部件让系统直接与钢瓶连接是十分危险的。

6. 开启钢瓶阀门及调压时,人不要站在气体出口的前方,头不要在瓶口之上,而应在瓶之侧面,以防钢瓶的总阀门或气压表被冲出伤人。

7. 当钢瓶使用到瓶内压力为 0.5 MPa 时,应停止使用。压力过低会给充气带来不安全因素,当钢瓶内压力与外界压力相同时,会造成空气的进入。

9.4.6 样品分析仪器准备与化学药品配制技能训练

检查样品分析所用化学分析仪和药品的准备情况,0.1 mol/L 的 $Ba(OH)_2$ 标准液 500 mL,0.1 mol/L 的盐酸 500 mL,滴酚酞指示剂 50 mL、酸式滴定管、10 mL、5 mL 移液管,150 mL 锥形瓶 4 个。

9.4.7 吸收解吸塔开停车技能训练

正常开车步骤:

1. 确认阀门 VA111 处于关闭状态,启动离心泵 P102,逐渐打开阀门 VA111,吸收剂通过文丘里流量计 F 101 从顶部进入吸收塔。

2. 将吸收剂流量设定为规定值(2 kPa),观测流量计 F101 显示和解吸液出口压力 PI103 显示。

3. 启动气泵 P101,通过阀门 VA109 将空气流量调节到 1.5 m^3/h。

4. 启动旋涡气泵 P104,将空气流量设定为规定值(4.0~10 m^3/h),调节空气流量 FIC101。

5. 观测吸收液储槽的液位 LI01,待其大于规定液位高度(1/3)后,确认阀门 VA112 处于关闭状态,启动离心泵 P103,逐渐打开阀门 VA112,吸收液通过文丘里流量计 F 102 从顶部进入解吸塔。

6. 打开二氧化碳钢瓶阀门,调节二氧化碳流量到规定值。

7. 二氧化碳和空气混合后制成实训用混合气从塔底进入吸收塔。

8. 注意观察二氧化碳流量变化情况,及时调整到规定值。

9. 观测气体、液体流量和温度稳定后开车成功。

正常停车步骤:

1. 关闭二氧化碳钢瓶总阀门,关闭二氧化碳减压阀。

2. 关闭气泵 P101 电源。

3. 首先关闭阀门 VA111、VA112,然后关闭离心泵 P102、P103 的开关。

4. 关闭涡气泵 P104 电源。

5. 关闭总电源。

9.4.8 离心泵、风机等设备开停车技能训练

1. 离心泵 P102 操作

离心泵 P102 开车:首先检查流程中各阀门是否处于正常开车状态:阀门 VA124、VA125、VA126、VA111、VA112、A105、VA106、VA117、VA118、VA109 关闭,阀门 VA120、VA123、VA113、VA116 全开。确认阀门 VA111 处于关闭状态,然后启动离心泵 P102,打开阀门 VA111,吸收剂(解吸液)通过文丘里流量计 F101 从顶部进入吸收塔 T101。

离心泵停车:首先关闭离心泵出口阀门 VA111,在关闭离心泵 P102 的开关。

2. 漩涡气泵 P104 操作

漩涡气泵 P104 开车：全开阀门 VA116，启动风机 P104，逐渐调节阀门 VA116，观察空气流量 FIC101 的示值，解吸气由底部进入解吸塔，记录解吸塔压降，空气入口温度。

漩涡气泵 P104 停车：首先调节阀门 VA116 到最大位置，然后关闭漩涡气泵 P104 的开关。

9.4.9 液体流量及气体流量调节技能训练

控制离心泵 P102 流量有两种方法一个是手动调节仪表控制流量；一种是电脑程序操作。首先把阀门 VA111 关闭。打开阀门 VA123，打开总电源开关，在 PIC101 仪表上手动调节，按仪表的向左键，调节向上向下键调到所需要的流量（或直接打开电脑吸收程序在界面上找到 PIC101 点击在界面上输入所需要的流量），启动离心泵 P102 开关稳定一段时间就可以自动控制到所需要的流量。

9.4.10 解吸塔压降测量技能训练

1. 干填料时塔性能测定

手动操作步骤：

调节阀门 VA116 至全开，启动气泵 P104，通过改变阀门 VA116 开度，分别测得在不同空气流量下塔压降，并记录，如表 3 所示。

DCS 远程操作步骤：

打开计算机找到吸收程序并打开，关闭阀门 VA116。在计算机程序上启动风机，在〈计算数据〉中找到〈空塔气速测定〉并点击，在所弹出的对话窗中的〈手动控制〉中〈气体流量调节〉处输入的数值（0—100）所代表的是电动调节阀 VA119 的开度，点击〈气体流量调节〉键，待数据稳定后点击〈数据处理〉中的〈计算数据〉，程序会自动记录实验数据并绘图。

表3 干填料时 $\Delta p/Z \sim u$ 关系测定

填料层高度 $Z=$ m 塔径 $D=$ m					
序号	空气文丘里流量计读数 kPa	填料层压强降 kPa	温度℃	单位高度填料层压强降 mmH$_2$O/m	空塔气速 m/s
1					
2					
3					
4					
5					
6					
7					
8					

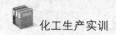

序号	空气文丘里流量计读数 kPa	填料层压强降 kPa	温度℃	单位高度填料层压强降 mmH₂O/m	空塔气速 m/s
9					
10					
11					
12					

根据以上数据绘制 $\Delta p/Z \sim u$ 关系曲线。

2. 湿填料时塔性能测定

手动操作步骤：

先将 V104 罐中的液体利用离心泵 P102 输送到罐 V102 中后关闭离心泵 P102，打开离心泵 P103，设定一定的液体流量，电动调节阀 VA119 开度调成 0，全开阀门 VA116，启动风机 P104 开关，在涡轮流量计 F106 量程范围内，通过改变阀门 VA116 开度，分别测得在不同空气流量下塔压降，注意液泛点，即出了液泛后风机流量不再调大记录好数据后立即关闭风机 P104 防止长时间液泛积液过多，并记录，如表 4 所示。

DCS 远程操作步骤：

打开计算机找到吸收程序并打开，关闭阀门 VA116。在计算机程序上启动风机，在〈计算数据〉中找到〈空塔气速测定〉并点击，在所弹出的对话窗中的〈手动控制〉中〈气体流量调节〉处输入的数值（100）所代表的是电动调节阀 VA119 的开度，在〈液体流量调节〉输入相应的数值后，分别点击〈气体流量调节〉键和〈液体流量调节〉键，待数据稍微稳定后点击〈数据处理〉中的〈计算数据〉，程序会自动记录实验数据并绘图。每次改变一定的〈气体流量调节〉液量不变。待塔体出现液泛后快速记录数据后关闭风机 P104。

表4　湿填料时 $\Delta p/Z \sim u$ 关系测定

	填料层高度 Z=　　m　　塔径 D=　　m　　喷淋液流量=　　m³/h					
序号	空气文丘里流量计读数 kPa	填料层压强降 kPa	温度℃	单位高度填料层压强降 mmH₂O/m	空塔气速 m/s	操作现象
1						
2						
3						
4						
5						
6						
7						
8						

序号	空气文丘里流量计读数 kPa	填料层压强降 kPa	温度℃	单位高度填料层压强降 mmH₂O/m	空塔气速 m/s	操作现象
9						
10						
11						

根据以上数据绘制 $\Delta p/Z \sim u$ 关系曲线。

9.4.11 原料气体浓度配制技能训练

关闭阀门 VA107、VA108、VA109,打开钢瓶 V101 上出口阀 VA114,通过调节阀门 VA107 开度调节二氧化碳流量,由转子流量计 F103 读出流量。

启动风机 P101,通过调节阀门 VA109 开度调节空气流量,由转子流量计 F105 读出流量。二氧化碳流量和空气流量比 1:3 到 1:2 之间,即混合气体中二氧化碳体积分数 25%到 30%之间。

9.4.12 吸收塔稳定性分析与判断训练

根据上一步分别测得实验过程中吸收塔进出口混合气体中二氧化碳的浓度,计算吸收塔的液相传质系数。

9.4.13 吸收塔吸收液浓度测量技能训练

1. 操作达到稳定状态之后,测量塔底的水温,同时从阀门 VA101、VA117 分别取 20 mL样品,测定塔顶、塔底溶液中二氧化碳的含量。

2. 二氧化碳含量测定

用移液管吸取 0.1 mol/L 的 Ba(OH)₂ 溶液 10 mL,放入三角瓶中,从塔底溶液 10 mL,用胶塞塞好,并振荡。溶液中加入 2~3 滴酚酞指示剂,最后用 0.1 mol/L 的盐酸滴定到粉红色消失的瞬间为终点。记录好滴定所用盐酸的体积。按下式计算得出溶液中二氧化碳的浓度:

$$C_{CO_2} = \frac{2C_{Ba(OH)_2}V_{Ba(OH)_2} - C_{HCl}V_{HCl}}{2V_{溶液}} \quad mol \cdot L^{-1}$$

9.4.14 吸收系数测量计算技能训练

稳定操作后在 AI101、AI102、AI103 取样口取样分析,记录数据,如表 5 所示。

表 5 填料吸收塔传质实验数据表

序号	被吸收的气体：CO_2 吸收剂：水 塔内径：100 mm	
1	塔类型	吸收塔
2	填料种类	
3	填料尺寸 （m）	
4	填料层高度 （m）	
5	CO_2 转子流量计读数 m^3/h	
6	气体进塔温度 ℃	
7	流量计处 CO_2 的体积流量 m^3/h	
8	空气转子流量计读数 m^3/h	
9	吸收剂文丘里流量计读数(kPa)	
10	中和 CO_2 用 $Ba(OH)_2$ 的浓度 mol/L	
11	中和 CO_2 用 $Ba(OH)_2$ 的体积 mL	
12	滴定用盐酸的浓度 mol/L	
13	滴定塔底吸收液用盐酸的体积 mL	
14	滴定空白液用盐酸的体积 mL	
15	样品的体积 mL	
16	塔底液相的温度 ℃	
17	亨利常数 E 10^8 Pa	
18	塔底液相浓度 C_{A1} $kmol/m^3$	
19	空白液相浓度 C_{A2} $kmol/m^3$	
20	传质单元高度 HL E-7 $kmol/(m^3 \cdot Pa)$	
21	平衡浓度 $C_{A1} * 10^{-2}$ $kmol/m^2$	
22	平衡浓度 $C_{A2} * 10^{-2}$ $kmol/m^3$	
23	平均推动力 ΔC_{Am} $kmol\ CO_2/m^2$	
24	液相体积传质系数 K_{Ya} m/s	

9.4.15 解吸塔液泛气速、正常气速确定技能训练

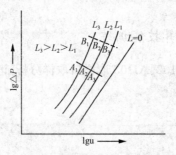

图 4 填料塔压降与空塔速度的关系

图 4 中 A_1、A_2、A_3 等点表示在不同液体流量下,气液两相流动的交互影响开始变得比较显著。这些点称为载点。不难看出,载点的位置不是十分明确,但它提示人们,自载点开始,气液两相流动的交互影响已不容忽视。

自载点以后,气液两相的交互作用越来越强烈。当气液流量达到某一定值时,两相的交互作用恶性发展。将出现液泛现象,在压降曲线上,出现液泛现象的标志是压降曲线近于垂直。压降曲线明显变为垂直的转折点(如图 1 所示的 B_1、B_2、B_3 等)称为泛点。

9.4.16 吸收岗位化工仪表操作技能训练

1. 流量计(转子流量计、文丘里流量计)
2. 压力、液位测量(差压变送器、压力表、玻璃管液位计)
3. 热电阻温度计
4. AI 数字显示仪表
5. 变频调速器
6. 仪表联动调节

9.4.17 吸收岗位计算机远程控制操作技能训练

1. 打开计算机找到应用程序双击;
2. 点击界面任意位置;
3. 在此操作界面,可以按泵下面的绿色键开风机或泵,按红色键将其关闭,如图 5 所示。

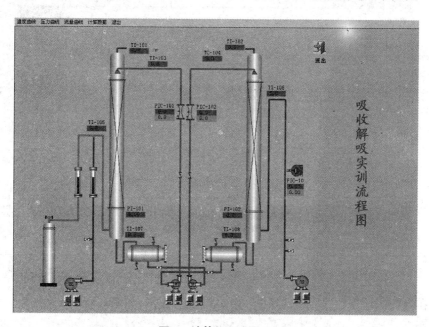

图 5 计算机程序界面

4. 在操作界面里 可以查看温度曲线、压力曲线、流量曲线、计算数据并可退出程序,如图 6 和图 7 所示。

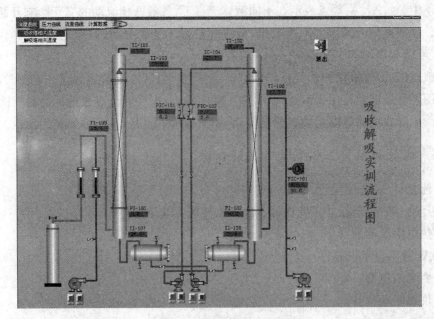

图6　计算机程序界面

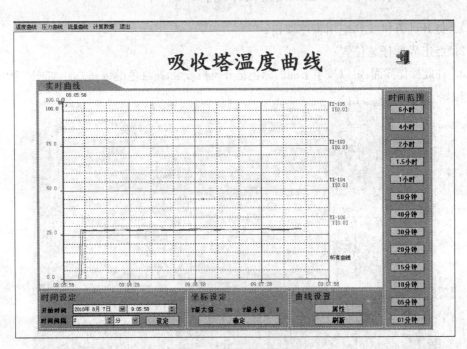

图7　计算机程序界面

5. 在界面的计算数据栏中选择〈空塔气速测定〉点击，如图8所示。

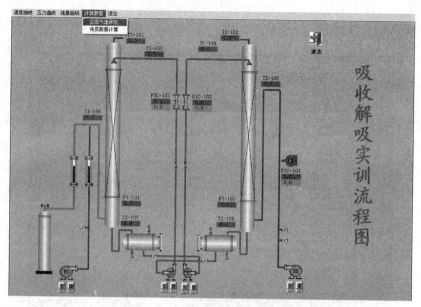

图 8 计算机程序界面

6. 在此界面中可以设定〈气体流量调节％〉、〈液体流量调节 kPa〉，如图 9 所示。

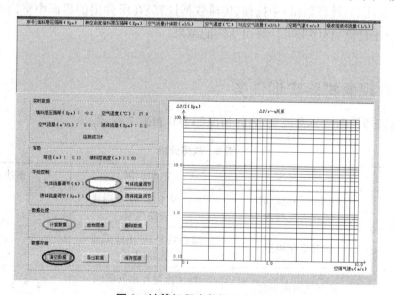

图 9 计算机程序数据采集界面

① 做干填料特性实验时，先在（3）操作中启动风机 P104，每次只改变〈气体流量调节％〉的数值（100～0）。

② 做湿填料特性实验时，需要在（3）操作中分别启动风机 P104 和启动离心泵 P103，设定液体流量并点击〈液体流量调节〉键后，在液体流量不变的前提下，每次只改变气体流量，每改变一次气体流量待数据稍稳后按〈计算数据〉键，程序会自动记录数据并在图像中标出相应的点。

点击〈清空数据〉键，可以清除到以前的数据，可以在所弹出的对话窗中选择是否保留数据和图像。

7. 传质数据计算,如图 10 所示。

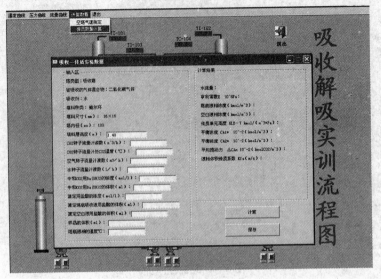

图 10 计算机程序数据采集界面

可以在界面的〈计算数据〉中选择〈传质数据计算〉在所弹出的界面中空白处输入相应的数值后,点击计算,程序即可计算出所需的结果。

9.5 异常现象排除实训任务

通过远程遥控制造异常现象,具体情况如表 6 和表 7 所示。

表 6 故障分析

序号	故障内容	产生原因	解决办法
1	无吸收剂流量或吸收塔无喷淋	离心泵 P102 出故障或管路阻塞	
2	解吸塔无喷淋	离心泵 P103 出故障或管路阻塞	
3	原料气浓度异常	转子流量计出问题或气瓶无压力	
4	解吸塔压降下降	气泵 P104 出故障或管路阻塞	
5	设备突然断电	检查线路、管路、动设备正常	
6	吸收塔压降下降	气泵 P101 出故障或管路阻塞	

表 7 遥控器故障设计

遥控器按键名称	事故制造内容
A	停离心泵Ⅰ
B	开启电磁阀
C	关离心泵Ⅱ
D	关风机 2
E	停总电源
F	关风机 1

9.6 技能考核内容

根据实训任务要求实训装置分离的物系为二氧化碳-水系统,吸收塔内尾气中二氧化碳浓度小于规定值。考生应选择适宜的喷淋密度、温度、空气流量和操作方式等,并采取正确的操作方法,完成试训考核指标。

9.7 思考题

1. 根据双膜理论,在本实训中,水吸收空气中二氧化碳属于气膜控制还是液膜控制?为什么?

2. 测水中二氧化碳浓度时的注意事项有哪些?

3. 测试塔性能时观察到液泛时,塔压降如何变化?

9.8 实训数据计算和结果案例

1. 填料塔流体力学性能测定(以干填料数据为例)

塔压降 $\Delta p = 0.2$ kPa $p = \rho g h$ $h = p/\rho g$

$$h = 0.2 \times 1\,000 \times 1\,000/1\,000/9.8 = 10.2 (\text{mm})$$

$$p/Z = 10.2/1.5 = 6.8 (\text{mmH}_2\text{O/m})$$

由 $V_{t1} = C_0 \times A_0 \times \sqrt{\dfrac{2 \times \Delta p}{\rho_{t1}}}$

其中: C_0——文丘里流量计系数, $C_0 = 0.65$;

A_0——文丘里流量计喉径处截面积, m^2;

d_0——喉径, $d_0 = 0.020$ m;

p_{t1}——文丘里流量计压差, kPa;

ρ_{t1}——空气入口温度(即流量计处温度)下密度, kg/m^3。

经测得文丘里流量计压差为 0.56 kPa,则

$$V = 3\,600 \times 0.65 \times 3.14 \times 0.02 \times 0.02/4 \times \sqrt{\frac{2 \times 0.56 \times 1\,000}{1.14}}$$

$$= 22.57 \ (\text{m}^3/\text{h})$$

空塔气速 $$u = \frac{V}{3\,600 \times (\pi/4)D^2}$$

空塔气速 $u = \dfrac{V}{3\,600 \times (\pi/4)D^2} = \dfrac{22.57}{3\,600 \times (\pi/4) \times (0.1)^2} = 0.80 \ (\text{m/s})$

在对数坐标纸上以 u 为横标,$\Delta p/Z$ 为纵标作图,标绘 $\Delta p/Z \sim u$ 关系曲线。

2. 传质实验

① 吸收液消耗盐酸体积 $V_1 = 17.8$ ml,则吸收液浓度为:

$$C_{A1} = \frac{2C_{Ba(OH)_2}V_{Ba(OH)_2} - C_{HCl}V_{HCl}}{2V_{溶液}}$$

$$= \frac{2 \times 0.103 \times 10 - 0.108 \times 17.8}{2 \times 10}$$

$$= 0.006\,88 \ \text{mol/L}$$

因纯水中含有少量的二氧化碳,所以纯水滴定消耗盐酸体积 $V = 18.7$ ml,则塔顶水中 CO_2 浓度为:

$$C_{A2} = \frac{2C_{Ba(OH)_2}V_{Ba(OH)_2} - C_{HCl}V_{HCl}}{2V_{溶液}}$$

$$= \frac{2 \times 0.103 \times 10 - 0.108 \times 18.7}{2 \times 10}$$

$$= 0.002\,02 \ (\text{mol/L})$$

塔底液温度 $t = 13.2℃$,由化工原理下册吸收这一章可查得 CO_2 亨利系数 $E = 1.159\,108 \times 10^5$ kPa

则 CO_2 的溶解度常数为:

$$H = \frac{\rho_w}{M_w} \times \frac{1}{E} = \frac{1\,000}{18} \times \frac{1}{1.159\,108 \times 10^8} = 4.79 \times 10^{-7} \ \text{kmol} \cdot \text{m}^{-3} \cdot \text{Pa}^{-1}$$

塔底的平衡浓度为 $C_{A1}{}^* = H \times P_{A1} = H \times y_1 \times p_0 = 4.79 \times 10^{-7} \times 0.279 \times 101\,325$
$$= 0.013\,542 \ \text{mol/L}$$

塔底混合气中二氧化碳含量 $y_1 = 0.58/(0.58 + 1.5) = 0.279$

由物料平衡得塔顶二氧化碳含量 $L(x_2 - x_1) = V(y_1 - y_2)$

$y_2 = y_1 - L(x_2 - x_1)/V = 0.279 - 40 \times 10^{-3} \times (0.006\,88 - 0.002\,02) \times 22.4/1.5$
$$= 0.277$$

塔顶的平衡浓度为

$$C_{A2}{}^* = H \cdot P_{A2} = H \cdot y_2 \cdot p_0 = 4.79 \times 10^{-7} \times 0.277 \times 101\,325$$

$$= 0.013\,440\ \text{mol/L}$$

液相平均推动力为：
$$\Delta C_{Am} = \frac{\Delta C_{A1} - \Delta C_{A2}}{\ln \dfrac{\Delta C_{A2}}{\Delta C_{A1}}} = \frac{(C_{A2}{}^* - C_{A2}) - (C_{A1}{}^* - C_{A1})}{\ln \dfrac{C_{A2}{}^* - C_{A2}}{C_{A1}{}^* - C_{A1}}}$$

$$= \frac{0.006\,88 - 0.002\,02 - 0.013\,542 + 0.013\,440}{\ln \dfrac{0.013\,440 - 0.002\,02}{0.013\,542 - 0.006\,88}}$$

$$= 0.008\,8\ \text{kmol/m}^3$$

因本实验采用的物系不仅遵循亨利定律,而且气膜阻力可以不计,在此情况下,整个传质过程阻力都集中于液膜,即属液膜控制过程,则液侧体积传质膜系数等于液相体积传质总系数,即:

$$k_1 a = K_L a = \frac{V_{sL}}{hS} \cdot \frac{C_{A1} - C_{A2}}{\Delta C_{Am}}$$

$$= \frac{40 \times 10^{-3}/3\,600}{0.42 \times 3.14 \times (0.07)^2/4} \times \frac{(0.006\,88 - 0.002\,02)}{0.008\,8}$$

$$= 0.003\,80\ \text{m/s}$$

附表:

表8　二氧化碳在水中的亨利系数　　　　　　　$E \times 10^{-5}, \text{kPa}$

气体	温度,℃											
	0	5	10	15	20	25	30	35	40	45	50	60
CO_2	0.738	0.888	1.05	1.24	1.44	1.66	1.88	2.12	2.36	2.60	2.87	3.46

第十章　汽车玻璃水生产实训

10.1　实训目的

1. 正确使用液位计、流量计、压力表、温度计等仪表；掌握化工仪表和自动化在反应器中的应用。

2. 熟悉化学反应生产过程工艺文件，能识读化学反应岗位的工艺流程图、实训设备示意图、实训设备的平面和立面布置图，能绘制工艺配管简图，能识读仪表联锁图。

3. 了解操作参数对反应过程的影响，掌握反应过程的基本原理和流程，学会釜式反应器的操作；熟悉反应器的结构与工艺流程，学会处理和解决反应器常遇到的不正常情况。

4. 熟悉工业反应器操作的基本技能，能够处理反应器操作中出现的问题，解决本反应器操作中的工艺难题。

5. 熟悉汽车玻璃水的生产工艺流程及影响因素。

6. 能够制定合适的方案并解决模拟实际生产过程中出现的故障。

7. 能够为相应工种的初级工、中级工、高级工、技师、高级技师技能认定打下坚实的基础。

10.2　间歇反应实训工艺过程、控制面板及主要设备

10.2.1　带有控制点的实训工艺流程图

带有控制点的反应釜实训工艺流程如图1所示。

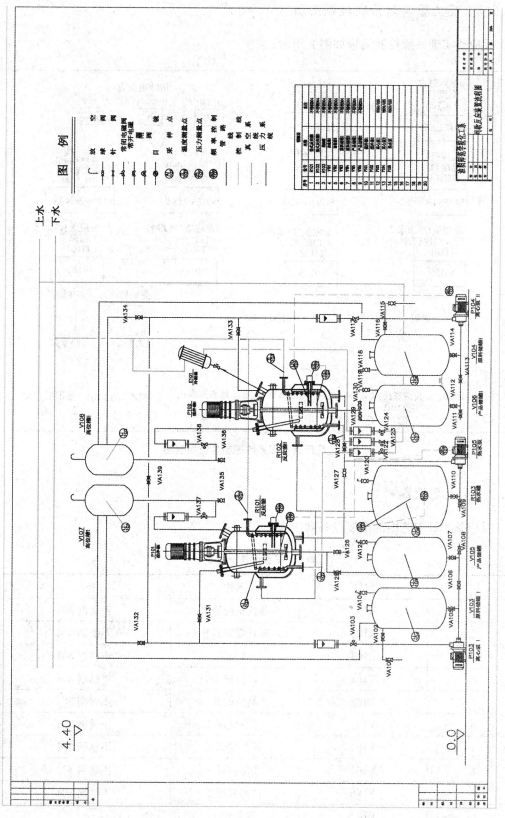

图1　带有控制点的实训工艺流程图

10.2.2 反应釜实训系统控制面板

反应釜实训系统控制面板如图2所示。

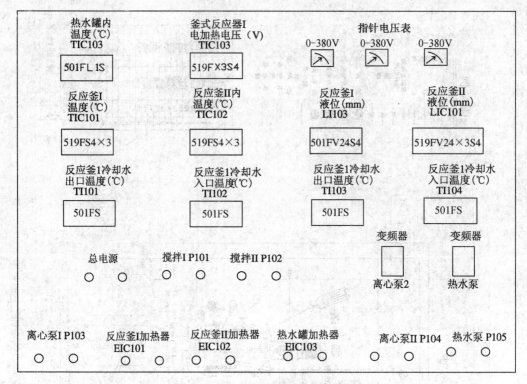

图2 反应釜实训系统控制系统面板图

10.2.3 主要设备

反应釜实训工艺中的主要设备列于表1。

表1 主要设备一览表

序号	位号	名称	备注
1	R101	釜式反应器Ⅰ	不锈钢304
2	R102	釜式反应器Ⅱ	不锈钢304
3	R103	热油罐	不锈钢304
4	V101	高位槽Ⅰ	不锈钢304
5	V102	高位槽Ⅱ	不锈钢304
6	V103	原料储罐1	不锈钢304
7	V104	原料储罐2	不锈钢304
8	V105	产品储罐1	不锈钢304
9	V106	产品储罐2	不锈钢304
10	P101	搅拌器1	

序号	位号	名称	备注
11	P102	搅拌器 2	
12	P103	离心泵 1	WB50/025
13	P104	离心泵 2	WB50/025
14	P105	热水泵	WB50/025

10.2.4 反应器介绍

反应器是化工工艺类生产过程中的基本设备,反应釜类型较多,常见的有管式反应器、釜式反应器、有固体颗粒床层的反应器(包括固定床反应器、流化床反应器、移动床反应器、涓流床反应器等)、塔式反应器、喷射反应器等。间歇式反应釜是带有搅拌器的槽式反应器,指反应物料一次加入,在搅拌下,经过一定时间达到反应要求,反应产物一次卸出,生产为间歇地分批进行,适用于小批量、多品种的液相反应系统,如制药、染料等精细化工生产过程。本实训工艺中使用的是间歇搅拌釜式反应器,其特点是:由于器内搅拌的作用,反应器内物料的浓度与温度均匀,釜内组分的浓度随时间而改变,但在同一时刻,反应器内各点的温度、浓度处处相等。

10.3 实训内容及操作步骤

10.3.1 工艺文件准备

阅读化学反应生产过程工艺文件,熟悉化学反应岗位的工艺流程图、实训设备示意图、实训设备的平面和立面布置图,能绘制工艺配管简图,能识读仪表联锁图,并了解釜式反应器主要设备的结构和布置。

10.3.2 开车前动、静设备检查训练

检查原料罐、加热器、反应器、管件、仪表、冷凝设备等是否完好,检查阀门、分析取样点是否灵活好用,及其管路阀门是否有漏水现象。

1. 检查釜式釜式反应器 R101

(1)用手转动釜上搅拌电机 P101 的联动轴看看是否转动自如。

(2)检查釜上两观察窗是否有损坏。

(3)检查釜上进料口是否封紧。

(4)检查釜式反应器加热管路是否畅通。

(5)检查实训用釜冷却管路是否畅通。

2. 检查离心泵 P103 叶轮是否转动自如。

3. 检查热油泵 P105 叶轮是否转动自如。

4. 检查各储料罐及输送管路训练(以原料罐 V103 为例)

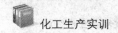

（1）检查原料罐 V103 中原料液体的量及阀门的开关原料液体量应占原料罐 V103 储量的三分之二到四分之三，向原料罐 V105 加料前应先关闭 VA105，全开 VA104 阀门。

（2）检查原料罐 V103 输送管路上各阀门进料前应关闭 VA102，VA103 阀门。进料时打开 VA102、VA131 和 VA103 阀门。

（3）检查热水罐 R103 中水的储量及管路阀门的开关与否。热水罐 R103 加水前先关闭 VA109，VA110 阀门。所加水量占热水罐储量的三分之二到四分之三。

（4）利用热水泵 P105 向釜式反应器 R101 供给热水（打开阀门 VA127、VA120）。

（5）检查上水管线是否正常，水流量是否达到要求。

> **注意：** 如果出现异常现象，必须及时通知指导教师。切不可擅自开车。

10.3.3 检查原料液及冷却水、电气等公用工程的供应情况的训练

1. 检查电器仪表柜一切正常后，接通动力电源，当电器仪表柜上三块指针电压表均指向 380 V 时，说明动力电源已经接入。此时按下电器仪表柜总电源开关（绿色按钮）使仪表上电，即实训设备处于准备开启状态。

> **注意：** 如果电器仪表柜上电源三块指针电压表中有一块没有指向 380 V，必须及时通知指导教师检查电路，切记不要开启总电源开关。

2. 按照常用仪表的使用方法，对仪表及主要部件是否正常做出判断。

打开设备总电源，巡视仪表。观察仪表有无异常（PV 和 SV 显示有无闪动，一般闪动即为仪表异常）。

3. 打开计算机，双击屏幕桌面上的"间歇反应实训实验"图标进入软件，登录系统后，检查软件仪表数据传输是否正常，即逐一对照仪表及软件窗口的相应显示，观察其是否一致，一致则表示软件工作正常，否则为不正常。

10.3.4 制定开车步骤和操作记录表格训练

1. 制定开车步骤

熟悉面板上各仪表和开关的作用→选择釜式反应器加料方式→向釜式反应器加料→打开釜式反应器搅拌开关→选择釜式反应器冷却方式→接通开冷却水→选择釜式反应器温度控制方式→釜式反应器加热

反应结束后→停止釜式反应器加热→待釜温降低后→停止搅拌→关闭冷却水

2. 制定操作记录表格，如表 2 所示。

表 2　釜式反应器操作记录表

加料量	
反应时间（min）	
加热油温度（℃）	

续　表

加料量	
釜温(℃)	
冷却水量（L/h）	
冷却水进口温度(℃)	
冷却水出口温度(℃)	

10.3.5　热水罐内温度控制操作技能训练

1. 热水罐内温度 TCI103 控制系统

热水罐内温度 TCI103 用仪表 AI501L1S4 采用位式控制加热器的通断来实现。控制方式如图 3 所示：

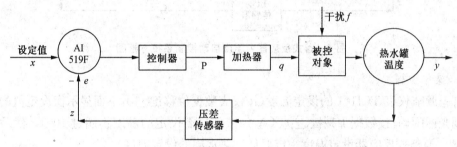

图 3　热油加热罐内温度自动控制系统方框图

2. 操作步骤

首先调节仪表 TCI103 的设定温度（按仪表数据位移键◁，下面显示窗设定值的地方会出现光标闪动，按数据加减键▽、△加减到所需的温度不超过 100℃，后按下设置键⟳）。

启动热水泵 P105 开关，调节好流量后打开 EIC103 加热器开关。通过热水罐温度达到设定温度时加热器自动停止加热实现位式控制。记录时间、热水罐内温度。

表 3　热水罐内温度控制数据记录表

序号　　项目	时间 （min）	热水罐内 温度(℃)	备注
1			
2			
3			
4			
5			
6			
7			
8			

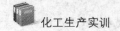

10.3.6 反应釜内 R101 温度自动控制操作技能训练

1. 釜式反应器 R101 釜温度控制系统

釜式反应器 R101 的釜内温度,是通过控制热水罐向釜式反应器 R101 输送热水的流量来实现,即控制热水泵的电机频率来实现。

控制方式如图 4 所示:

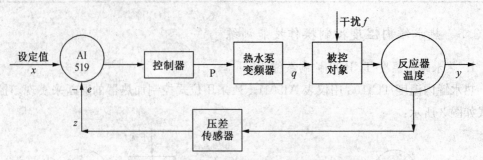

图 4　釜式反应器内温度自动控制系统方框图

2. 操作步骤

首先调节仪表 TCI101 的设定温度(按仪表数据位移键◁,下面显示窗设定值的地方会出现光标闪动,按数据加减键▽、△加减到所需设定的温度不超过 100℃,然后按下设置键○,釜式反应器设定温度一定要低于热水罐的设定温度)。

启动热水泵开关和热水罐 R103 加热开关,开始对釜式反应器进行加热。热水泵由变频器控制会自动调节到设定温度。记录时间、釜式反应器温度、加热水温度。

表 4　间歇釜式反应器温度控制数据记录表

序号＼项目	时间(min)	釜温(℃)	加热水温度(℃)
1			
2			
3			
4			
5			
6			
7			
8			
9			
10			

10.3.7 利用高位槽输送操作技能训练

实训任务:正确使用高位槽输送物料到反应釜 R101 中并达到指定液位。

打开阀门 VA104、VA105、VA132,其余阀门全部关闭,启动离心泵 P103,通过调节阀门 VA103 调节转子流量计的流量,向高位槽 V107 中注入液体,待高位槽溢流管内有液体流出时调小进入高位槽的流量。

然后打开阀门 VA137,调节转子流量计的流量,流体在重力作用下从高位槽 V107 流向反应釜 R101,通过调节阀门 VA137 调节流量,转子流量计记录流量,控制反应釜 R101 到指定液位。

10.3.8　反应釜液位控制训练

设定反应釜 R102 的液位,设置面板上的反应釜Ⅱ的液位(按向左的箭头,下面黄色设定值的地方会出现光标闪动,按上下箭头加减调整到所需的液位不超过 700 mm 后按下圆圈键),半开阀门 VA129,启动离心泵 P104,调节转子流量计阀门到最大,仪表会自动离心泵Ⅱ的频率,从而使液位调整到设定值。

10.3.9　间歇反应岗位化工仪表操作技能训练

1. 流量计(转子流量计、涡轮流量计)

2. 压力、液位测量(差压变送器、压力传感器、压力表、真空表、磁翻转液位计、玻璃管液位计)

3. 热电阻温度计

4. AI 数字显示仪表

5. 电动调节阀和电机的输入功率

6. 变频调速器

实训:

① AI501 温度显示表的调节方法

AI501 仪表为实测显示仪表,利用仪表中参数的不同可以显示不同测量项。

设置参数:仪表所有的功能都可以通过设置参数来实现。在基本显示状态下按 ⟳ (回车键)并保持约 2 秒钟即可进入现场参数表。按 ▽、△(数字下调键)减小数据,按(数字上调键)增加数据,所修改数值位的小数点会闪动(如同光标)。按键并保持不放,可以快速地增加/减少数值,并且速度会随小数点的右移自动加快。也可按 ⟳(数字位置键)来直接移动修改数据的位置(光标),操作更快捷。按(回车键)可显示下一参数,持续按(回车键)可快速向下;按(数字位置键)并保持不放 2 秒以上,可返回显示上一参数;先按(数字位置键)不放接着再按(回车键)可直接退出参数设置状态。如果没有按键操作,约 30 秒钟后会自动退出设置参数状态。

② AI519 加热电压控制表调节方法

Ⅰ.设置参数:仪表所有的功能都可以通过设置参数来实现。在基本显示状态下按(回车键)并保持约 2 秒钟即可进入现场参数表。按(数字下调键)减小数据,按(数字上调键)增加数据,所修改数值位的小数点会闪动(如同光标)。按键并保持不放,可以快速地增加/减少数值,并且速度会随小数点的右移自动加快。也可按(数字位置键)来直接移动修改数据的位置(光标),操作更快捷。按(回车键)可显示下一参数,持续按(回车键)可快速向下;按(数字位置键)并保持不放 2 秒以上,可返回显示上一参数;先按(数字位置键)不放接着再按(回车键)可直接退出参数设置状态。如果没有按键操作,约 30 秒钟后会自动退出设置参数状态。

Ⅱ.自整定(AT):当仪表选用 APD 或标准 PD 调节方式时,均可启动自整定功能来协助确定 PD 等控制参数。在基本显示状态下按(数字位置键)并保持 2 秒,将出现 At 参数,按(数字上调键)将下显示窗的 oFF 修改 on,再按(回车键)确认即可开始执行自整定功能。仪表下显示器将闪动显示"At"字样,此时仪表执行位式调节,经 2 个振荡周期后,仪表内部微处理器可自动计算出 PD 参数并结束自整定。如果要提前放弃自整定,可再按(数字位置键)并保持约 2 秒钟调出 At 参数,并将 on 设置为 oFF 再按(回车键)确认即可。自整定成功结束并且控制效果满意后,建议将 At 参数设置为 FoFF,这样将禁止从面板启动自整定功能(若需要启动自整定可进入参数表修改 At 参数进行操作),可防止误操作。

Ⅲ.加热电压控制或温度控制的调节:如果需要修改仪表面板上(数据设定值)中的数值,可以利用仪表的(数字上调键)增加数值或(数字下调键)减小数值,按键并保持不动可以快速地对数值进行增加或减小。也可以利用(数字位置键)直接对所要修改的数值进行修改,所修改数值位的小数点会闪动。

③ 交流电机驱动器(变频器)的调节(图5)

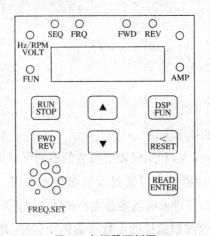

图5 变频器面板图

Ⅰ.首先按下 DSP/FUN 键,若面板 LED 上显示 F_XXX(X 代表 0—9 中任意一位数字),则进入步骤 2;如果仍然只显示数字,则继续按 DSP/FUN 键,直到面板 LED 上显示 F_XXX 时才进入步骤 2。

Ⅱ.接下来按动 ▲ 或 ▼ 键来选择所要修改的参数号,由于 N2 系列变频器面板 LED 能显示四位数字或字母,可以使用 RESET 键来横向选择所要修改的数字的位数,以加快修改速度,将 F_XXX 设置为 F_011 后,按下 READ/ENTER 键进入步骤 3。

Ⅲ.按动 ▲、▼ 键及 RESET 键设定或修改具体参数,将参数设置为 0000(或 0002)。

Ⅳ.改完参数后,按下 READ/ENTER 键确认,然后按动 DSP/FUN 键,将面板 LED 显示切换到频率显示的模式。

Ⅴ. 按动 ▲ 、 ▼ 键及 $\boxed{\text{RESET}}$ 键设定需要的频率值,按下 $\boxed{\text{READ}\atop\text{ENTER}}$ 键确认。

Ⅵ. 按下 $\boxed{\text{RUN}\atop\text{STOP}}$ 键运行或停止。

10.3.10　间歇反应岗位 DCS 远程控制操作技能训练

正确使用现场控制台仪表和计算机远程控制系统 DCS 进行操作和监控,其中图 6 为反应釜实训 DCS 控制界面,图 7～9 分别为反应釜温度、液位和反应釜 1 加热电压监控界面。

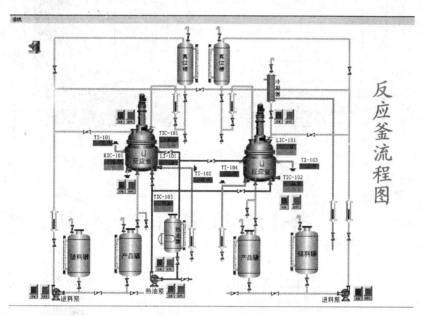

图 6　反应釜实训装置 DCS 操作界面

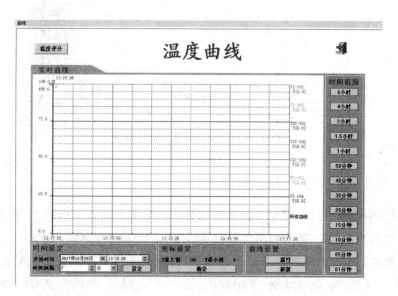

图 7　反应釜温度监控界面

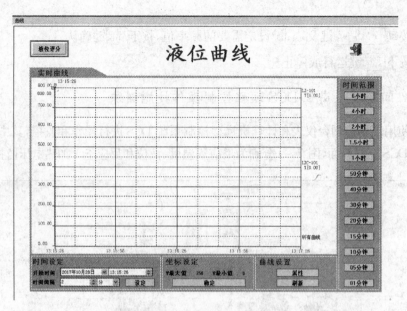

图8　反应釜液位监控界面

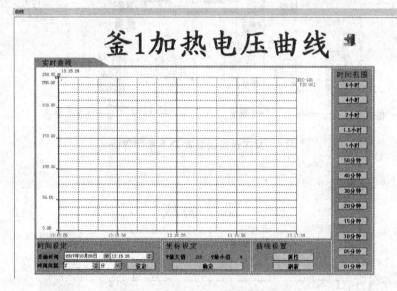

图9　反应釜1加热电压监控界面

10.3.11　汽车玻璃水生产技能训练

按照表5中玻璃水四种配方中的重量份数将乙醇及水投入反应釜中,在常温下搅拌8～10 min使其混合均匀,随后将阴离子表面活性剂(烷基琥珀酯磺酸盐、十二烷基磺酸钠、脂肪醇聚氧乙烯醚硫酸钠),非离子表面活性剂(烷基醇聚氧乙烯醚)、螯合剂(EDTA二钠)、络合剂、缓蚀剂(偏硅酸钠、亚硝酸钠、硼砂、三乙醇胺、苯丙三氮唑、琥珀酸盐)、防冻成膜剂(乙二醇、丙三醇)等依次加入反应釜中,搅拌30 min后,最后加入着色剂(直接耐晒蓝)及柠檬香精搅拌至均匀透明即可。

表5　汽车玻璃水各组分比例

原料	配比(质量比)			
	配方1	配方2	配方3	配方4
烷基琥珀酸酯磺酸盐	0.008	—	—	—
烷基醇聚氧乙烯醚	—	0.6	0.2	0.3
十二烷基磺酸钠	—	—	0.04	0.4
脂肪醇聚氧乙烯醚硫酸钠	—	0.2	—	—
乙醇	25	8	15	12
乙二醇	3	4	—	—
丙三醇	—	—	3	3
三乙醇胺	—	—	0.3	—
偏硅酸钠	—	0.1	0.1	—
亚硝酸钠	—	—	—	0.2
EDTA 二钠	0.3	0.4	—	—
硼砂	—	—	—	0.2
直接耐晒蓝	0.005	0.003	0.0015	0.0001
柠檬香精	—	0.3	—	—
水	71.687	86.397	81.3585	83.8999

10.4　异常现象排除实训任务

10.4.1　异常现象排除技能训练任务

教师利用遥控器制造各种异常现象(表6和7),从而培训学生解决实际生产故障的能力。

表6　利用遥控器制造各种异常现象

序号	故障现象	产生原因分析	处理思路	解决办法	备注
1	反应釜液面降低无进料	进料泵停转或进料转子流量计卡住			
2	反应釜内温度越来越低	加热器断电或有漏液现象、热油泵停转等			
3	反应釜或油罐内温度越来越低	热油泵停转或加热器断电			
4	反应釜内液面降低无进料	进料泵停转或进料转子流量计卡住			
5	仪表柜突然断电	有漏电现象或总电源关闭			
6	反应釜Ⅰ内温度降低	加热器断电			

表 7 制造故障遥控器按键

遥控器按键名称	事故制造内容
A	停热油泵加热
B	停热油泵
C	停离心泵Ⅱ
D	停离心泵Ⅰ
E	停总电源
F	停搅拌Ⅰ

10.4.2 技能考核

根据实训任务要求反应釜内温度达到规定值。学员应确定适宜的热流体流量、冷却水流量等参数,按照规程进行正确操作,完成实训考核指标。综合考查学生基本理论、基础技能的掌握情况和分析问题、解决问题的实际能力。

10.5 思考题

1. 常见工业反应器有哪些类型? 如何选用?
2. 间歇反应器操作注意事项有哪些? 如何提高间歇反应器的生产效率?
3. 反应器加热方式有哪些? 选择原则是什么?
4. 反应器常见搅拌桨有哪些类型? 选型原则是什么?

第十一章　精馏实训

11.1　实训目的

1. 正确使用液位计、流量计、压力表、温度计等测量控制仪表;加深了解化工仪表和自动化知识在精馏操作中的应用。

2. 了解精馏塔、塔釜再沸器、塔顶全凝器等主要设备的结构和布置。

3. 能识记精馏生产过程工艺文件,能识读精馏岗位的工艺流程图、实训设备示意图、实训设备的平面和立面布置图,能绘制工艺配管简图,能识读仪表联锁图。

4. 掌握精馏分离过程的基本原理和流程,学会精馏塔的操作控制,了解操作参数对精馏过程的影响。熟悉筛板塔的结构与塔盘的布置情况;学会处理筛板塔塔板压降、液泛、漏液、雾沫夹带等不正常情况。

5. 熟练掌握工业精馏过程操作控制的基本技能,独立处理精馏操作中出现的各种问题,增强学生解决复杂工程问题的能力,从而提高学生将来在工作岗位上的适切度。

6. 能够制定合适的方案并解决模拟实际生产过程中出现的故障,从而提升学生判断故障名称、分析故障原因以及确定排除故障方法,到最终动手排除故障的能力。

7. 能够完成部分混合液的分离和提纯操作。

8. 能够为相应工种的初级工、中级工、高级工、技师、高级技师技能认定打下坚实的基础。

11.2　精馏实训工艺流程、控制面板及主要设备

11.2.1　带有控制点的工艺及设备流程图

带有控制点的精馏实训工艺及设备流程如图 1 所示。

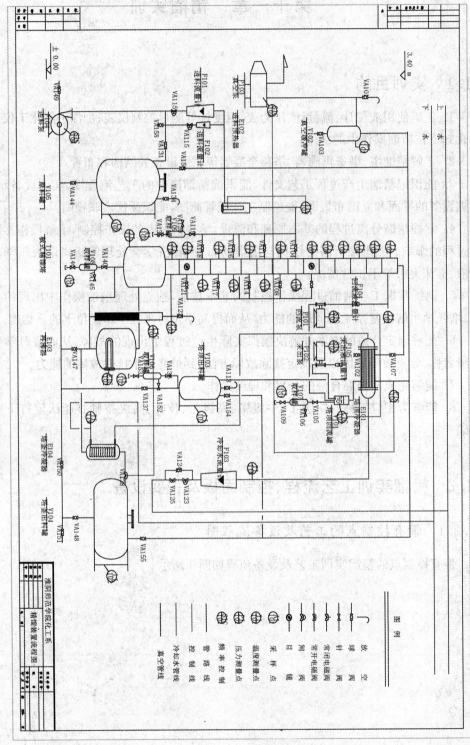

图 1 带有控制点的精馏实训工艺流程图

11.2.2 精馏实训系统控制面板

精馏实训系统控制面板如图2所示。

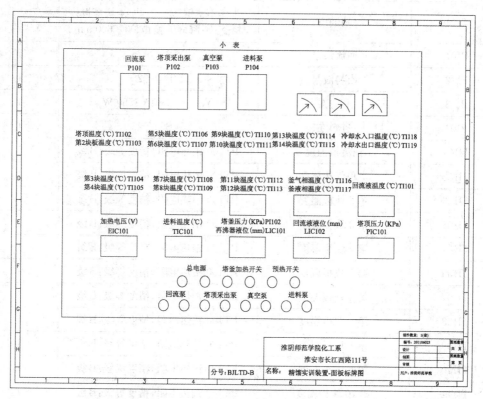

图2 精馏实训系统控制面板图

11.2.3 主要设备

精馏实训工艺主要设备列于表1。

表1 精馏实训工艺设备一览表

设备位号	名 称	规格型号	数量
V101	塔顶冷凝液槽	φ900×230	1
V102	回流槽	φ45×160	1
V103	塔顶产品罐	φ210×500	1
V104	进料干扰罐	φ50×650	1
V105	原料罐Ⅰ	φ500×700	1
V106	塔底出料罐	φ420×720	1
E101	塔顶冷凝器	φ160×900	1
E102	原料液加热器	φ50×260	1
E103	再沸器	φ400×270	1

设备位号	名　称	规格型号	数量
E104	塔底换热器	$\varphi 400 \times 530$	1
T101	精馏塔	主体不锈钢,Φ100;共 14 块塔板; 塔釜:不锈钢塔釜 Φ200×600 mm	1
P101	回流液泵	WB50/025	1
P102	出料液泵	WB50/025	1
P103	真空泵	YS7124;380 V;550 W	1
P104	进料泵	WB50/025	1
TI101	回流液温度	PT100 铂热电阻,精度等级:B 级	1
TI102	塔顶气相温度	PT100 铂热电阻,精度等级:B 级	1
TI103	第 2 块板温度	PT100 铂热电阻,精度等级:B 级	1
TI104	第 3 块板温度	PT100 铂热电阻,精度等级:B 级	1
TI105	第 4 块板温度	PT100 铂热电阻,精度等级:B 级	1
TI106	第 5 块板温度	PT100 铂热电阻,精度等级:B 级	1
TI107	第 6 块板温度	PT100 铂热电阻,精度等级:B 级	1
TI108	第 7 块板温度	PT100 铂热电阻,精度等级:B 级	1
TI109	第 8 块板温度	PT100 铂热电阻,精度等级:B 级	1
TI110	第 9 块板温度	PT100 铂热电阻,精度等级:B 级	1
TI111	第 10 块板温度	PT100 铂热电阻,精度等级:B 级	1
TI112	第 11 块板温度	PT100 铂热电阻,精度等级:B 级	1
TI113	第 12 块板温度	PT100 铂热电阻,精度等级:B 级	1
TI114	第 13 块板温度	PT100 铂热电阻,精度等级:B 级	1
TI115	第 14 块板温度	PT100 铂热电阻,精度等级:B 级	1
TI116	塔釜气相温度	PT100 铂热电阻,精度等级:B 级	1
TI117	塔釜液相温度	PT100 铂热电阻,精度等级:B 级	1
TI118	冷却水入口温度	PT100 铂热电阻,精度等级:B 级	1
TI119	冷却水出口温度	PT100 铂热电阻,精度等级:B 级	1
TIC101	进料温度	PT100 铂热电阻,精度等级:B 级	1
LIC101	再沸器液位控制	AI501FS,磁翻转式液位计	1
EIC101	再沸器加热电压	AI519FS	1
PI101	真空缓冲罐压力	就地显示仪表	1
PI102	塔釜压力	远传仪表,AI501FS	1
PIC101	塔顶压力	远传仪表,AI501FS	1
LI101	塔顶出料罐液位	耐压石英液位计	1

设备位号	名　称	规格型号	数量
LI102	原料罐 I 液位	耐压石英液位计	1
LI103	原料罐 II 液位	耐压石英液位计	1
LI104	塔釜出料罐液位	耐压石英液位计	1
LIC101	塔釜液位控制	耐压石英液位计	1
SIC101	回流泵频率	N$_2$-401-H3 440 V 0.75 kW	1
SIC102	采出泵频率	N$_2$-401-H3 440 V 0.75 kW	1
SIC103	真空泵频率	N$_2$-401-H3 440 V 0.75 kW	1
SIC104	进料泵频率	N$_2$-401-H3 440 V 0.75 kW	1

11.2.4　精馏生产工艺

精馏操作的原料液为乙醇-水(10%～15%)的混合液,经分离后塔顶馏出液为高纯度的乙醇产品,塔釜残液主要是水和少量乙醇组分。如图 1 所示,V105 原料罐内原料液由离心泵输送经转子流量计 F101 控制流量后,从精馏塔 T101 的第 14 块塔板进料。在进料板上与自塔上部下降的回液体汇合后,逐板溢流,最后流入塔底再沸器中。在每层板上,回流液体与上升蒸汽互相接触,进行热和质的传递过程。塔顶蒸汽经冷凝器 E101 冷凝后为液体后进入回流罐 V101;回流罐 V101 的液体一部分由回流泵 P101 作为回流液,被送回精馏塔 T101 的塔顶层塔板,另一部分则为产品,其流量由变频器 SIC102 控制。精馏塔 T101 的操作压力是由塔顶压力 PIC101 控制。

塔釜液体的一部分经再沸器 E103 回精馏塔,另一部分通过电磁阀 VA138 作为塔底采出产品。电磁阀 VA138 和 LIC101 构成串级控制回路,调节精馏塔的液位。再沸器用电加热棒加热,加热量由 EIC101 控制。

11.3　精馏过程工艺参数控制技术

11.3.1　塔釜加热电压控制

塔釜加热电压控制方式如图 3 所示。

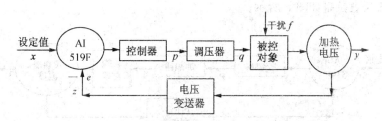

图 3　塔釜加热电压控制系统方框图

图 3 所示的控制方式为:PID 控制,具体原理分析如下:图 3 中 AI519F 为比较器,它是控制器的一个部分,不是独立的元件,只是为了说明其作用把它单独画了出来。干扰 f 是除调压器外其他对加热电压产生影响的因素。"被控对象"为塔釜加热器 EIC101,加热电压为被控对象的被控变量,它是被控对象的一个部分,不是独立的元件,只是为了说明其作用把它单独画了出来。当干扰 f 发生作用时,被控对象的被控变量 y(即电压值)发生变化,测量元件测出其变化值 z 送到比较器与设定值 x 进行比较,得出偏差 $e = x - z$,控制器根据偏差的大小按事先设定好的控制规律运算后输出一个控制信号 P 给调压器,调压器根据信号 P 来调整操纵变量 q(调压器线圈匝数)发生相应的改变,从而使被控对象的输出——被控变量保持稳定。

11.3.2　塔釜液位控制

塔釜液位控制如图 4 所示。

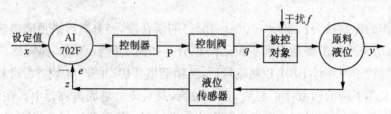

图 4　塔釜液位控制系统方框图

图 4 所示的控制方式为:位式控制,具体原理分析如下:图 4 中 AI702F 为比较器,它是控制器的一个部分,不是独立的元件,只是为了说明其作用把它单独画了出来。干扰 f 是除进料流量外其他对原料液位产生影响的因素。被控对象为塔釜,塔釜液位为被控对象的被控变量,它是被控对象的一个部分,不是独立的元件,只是为了说明其作用把它单独画了出来。当干扰 f 发生作用时,被控对象的被控变量 y(即液位)发生变化,测量元件测出其变化值 z 送到比较器与设定值 x 进行比较,得出偏差 $e = x - z$,控制器根据偏差的大小按事先设定好的控制规律运算后输出一个控制信号 P 给控制阀,控制阀根据信号 P 来调整操纵变量 q(控制阀开度)发生相应的改变,从而使被控对象的输出—被控变量保持稳定。

11.3.3　进料预热仪表控制

进料预热仪表控制如图 5 所示。

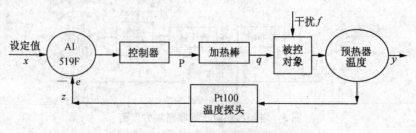

图 5　进料预热控制系统方框图

图 5 所示的控制方式为:PID 控制。具体原理分析如下:图 5 中 AI519F 为比较器,它是控制器的一个部分,不是独立的元件,只是为了说明其作用把它单独画了出来。干扰 f 是除加热棒外其他对预热器温度产生影响的因素。被控对象为进料原料,预热器温度为被控对象的被控变量,它是被控对象预热器 E102 的一个部分,不是独立的元件,只是为了说明其作用把它单独画了出来。当干扰 f 发生作用时,被控对象的被控变量 y(即预热器温度)发生变化,测量元件测出其变化值 z 送到比较器与设定值 x 进行比较,得出偏差 $e=x-z$,控制器根据偏差的大小按事先设定好的控制规律运算后输出一个控制信号 P 给加热棒,加热棒根据信号 P 的大小来调整操纵变量 q(加热量)发生相应的改变,从而使被控对象的输出—被控变量保持稳定。

11.3.4　精馏塔内压力系统控制

精馏塔内压力系统控制如图 6 所示。

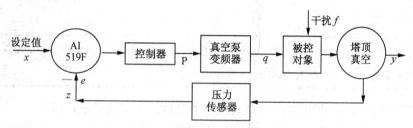

图 6　塔顶压力控制系统方框图

图 6 所示的控制方式为:PID 控制,具体原理分析如下:图 6 中 AI519F 为比较器,它是控制器的一个部分,不是独立的元件,只是为了说明其作用把它单独画了出来。干扰 f 是除真空泵变频器外其他对塔顶真空产生影响的因素。被控对象为塔顶,塔顶真空度为被控对象的被控变量,它是被控对象塔顶的一个部分,不是独立的元件,只是为了说明其作用把它单独画了出来。当干扰 f 发生作用时,被控对象的被控变量 y(即塔顶真空度)发生变化,测量元件测出其变化值 z 送到比较器与设定值 x 进行比较,得出偏差 $e=x-z$,控制器根据偏差的大小按事先设定好的控制规律运算后输出一个控制信号 P 给变频器,变频器根据信号 P 的大小来调整操纵变量 q(真空泵转速)发生相应的改变,从而使被控对象的输出—被控变量保持稳定。

11.4　实训内容及操作步骤

11.4.1　工艺文件准备

阅读精馏生产过程工艺文件,了解精馏塔、塔釜再沸器、塔顶全凝器等主要设备的结构和布置。熟悉精馏岗位的工艺流程图、实训设备示意图、实训设备的平面和立面布置图,能绘制工艺配管简图,能识读仪表联锁图。

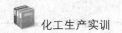

11.4.2 开车前动、静设备检查训练

检查原料预热器、塔顶冷凝器、塔釜再沸器、管件、仪表、精馏塔设备等是否完好,检查阀门、分析取样点是否灵活好用以及管路阀门是否有漏水现象。

> **注意:**如果出现异常现象,必须及时通知指导教师。切不可擅自开车。

11.4.3 检查原料液及冷却水、电气等公用工程供应情况训练

1. 检查原料罐内阀门是否处于正确的位置,原料加入口是否畅通,有没有堵塞情况。

2. 检查上水管线是否正常,水流量是否达到要求。

3. 检查电器仪表柜正常后接通动力电源,电器仪表柜三块指针电压表指向380 V说明动力电源已经接入。按下电器仪表柜总电源开关绿色按钮使仪表上电,实训设备处于准备开启状态。

> **注意:**如果电器仪表柜总电源三块指针电压表中有一块没有指向380 V,必须及时通知指导教师检查电路,切记不要开启总电源开关。

4. 按照常用仪表的使用方法,对仪表及主要部件是否正常做出判断。

5. 打开设备总电源,巡视仪表。观察仪表有无异常(PV 和 SV 显示是否在闪动,一般闪动即表示仪表异常)。

6. 打开计算机,双击屏幕桌面上的"精馏实验"图标进入软件,登录系统后,检查软件仪表传输是否正常,即逐一对照仪表及软件窗口的相应显示,观察其是否一致,一致则软件正常,否之,则为不正常。

11.4.4 制定操作记录表格训练

表2 精馏实训数据记录表

填表人: 实验日期:

采集时间(min)					
塔顶温度(℃)					
第二块板温度(℃)					
第三块板温度(℃)					
第四块板温度(℃)					
第五块板温度(℃)					
第六块板温度(℃)					
第七块板温度(℃)					
第八块板温度(℃)					

采集时间(min)						
第九块板温度(℃)						
第十块板温度(℃)						
第十一块板温度(℃)						
第十二块板温度(℃)						
第十三块板温度(℃)						
第十四块板温度(℃)						
塔釜气相温度(℃)						
塔釜液相温度(℃)						
回流液温度(℃)						
冷却水入口温度(℃)						
冷却水出口温度(℃)						
进料温度(℃)						
再沸器加热电压(V)						
再沸器液位(mm)						
塔釜压力(kPa)						
塔顶压力(kPa)						
实验同组人:						

表3 筛板精馏塔稳定条件下数据表

填表人： 填表日期：

	全回流	部分回流
塔顶温度(℃)		
塔釜温度(℃)		
回流液温度(℃)		
冷却水入口温度(℃)		
冷却水出口温度(℃)		
加热电压(V)		
釜液位(mm)		
塔釜压力(kPa)		
塔顶压力(kPa)		

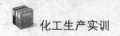

	全回流	部分回流
回流泵频率(Hz)		
出料泵频率(Hz)		
进料温度(℃)		
进料流量(L/h)		
塔顶样品温度(℃)		
酒精计读数		
塔釜样品温度(℃)		
酒精计读数		
进料样品温度(℃)		
酒精计读数		

11.4.5　冷凝系统水量及回流温度调节技能训练

检查精馏塔塔顶冷凝器冷却水管路是否正常,打开冷却水流量调节阀 VA123,检查水流量是否达到实训要求(500 L/h)。检查回流液温度计是否安装好,在仪表盘面上温度显示的是否正确。

11.4.6　原料液浓度配置与进料流量调节技能训练

了解掌握原料液的配置、检查原料液浓度和调节进料量的操作。按照操作要求,进行与进料相关的操作练习。

混合原料液的技能操作

① 打开原料罐 V105 的放空阀 VA134、回原料罐 V105 的回流阀 VA131、塔釜放空阀 VA122 及再沸器 E103 放料阀 VA147,关闭其他所有阀门。

② 用变频调速器缓慢启动进料泵 P104,将塔釜及再沸器 E103 原料打入原料罐 V105。

③ 塔釜及再沸器 E103 的料液抽干后,关闭塔釜放空阀 VA122 和再沸器 E103 放料阀 VA147,并且将塔顶出料罐 V103 放料阀 VA137 和塔顶出料罐 V103 放空阀 VA113 打开,将塔顶出料罐 V103 的料液抽回到原料罐 V105。

④ 塔顶出料罐 V103 的料液抽干后,关闭塔顶出料罐 V103 放空阀 VA113、塔顶出料罐 V103 放料阀 VA137,打开塔釜出料罐 V106 的放料阀 VA148 及放空阀 VA155,启动泵 P104 将塔釜出料罐 V106 的原料放回原料储罐 V105。

⑤ 待塔釜出料罐 V106 抽干后,关闭塔釜出料罐 V106 放料阀 VA148,打开原料罐 V105 下的出料阀 VA144,利用进料泵将原料在原料储罐 V105 中进行充分混合。

⑥ 测量原料浓度:混合 3 到 5 分钟后,我们进行取样:打开原料储罐 V105 的取样阀

VA158,取 100 mL 三角瓶进行取体积大于 80 mL,盖好橡皮胶塞,用酒精计分析样品浓度,如果浓度不达标可以通过加水或酒精的方法达到规定的浓度(原料体积浓度一般控制在 15%~20%)。

⑦ 调节进料量:打开塔身进料板位置上的阀门 VA121、回原料罐 V105 的回流阀 VA131、塔釜放空阀 VA122 和原料罐 V105 下的出料阀 VA144,用流量调节阀 VA115 调节进料流量并保持稳定。

11.4.7　精馏塔开、停车操作技能训练

认识并掌握精馏生产过程中的开、停车操作。根据内容要求,对精馏装置的开、停车进行相应的操作练习。

1. 精馏装置开车操作

① 打开回原料罐 V105 的放空阀 VA134、回流阀 VA131 和原料罐 V105 下的出料阀 VA144,关闭其他所有阀门,进行原料液的循环混合。打开原料液取样阀 VA158 从原料液取样点取样分析原料组成(原料体积浓度一般控制在 15%~20%)。

② 精馏塔具有多个进料位置,根据实验要求,选择合适的进料板位置,打开阀门 VA121(进料板位置,可以更改)、原料罐 V105 的放空阀 VA134、回原料罐 V105 的回流阀 VA131、塔釜放空阀 VA122 和原料罐 V105 下的出料阀 VA144,关闭其他进料管线上的相关阀门。

③ 打开计算机,双击屏幕桌面上的"精馏实验"图标进入软件,登录系统后,启动进料泵 P104。

④ 打开转子流量计 F102 下的阀门 VA115,逐渐关闭回原料罐 V105 的回流阀 VA131,将进料流量调整到所需流量。

⑤ 当塔釜液位指示 LIC101 达到 360 mm 左右时,关闭进料泵,同时关闭塔身进料板位置上的阀门 VA121 和塔釜放空阀 VA122。

注意:塔釜液位指示计 LIC01 低于 100 mm 时报警再沸器电加热不工作;高于 400 mm 电磁阀门 VA138 开启,塔釜内液体流到出料罐 V104 中。

⑥ 打开再沸器 E104 的电加热开关,加热电压调节至 200 V(由于塔釜及再沸器的容积比较大开始加热电压可以调到 200~220 V),加热再沸器内液体。

⑦ 待精馏塔第 3 块板温度 TI105 温度达到 70℃时,打开冷却水入口阀 VA123,将冷却水流量计 F103 调整到 500 L/h 左右,接通塔顶冷凝器 E101 和塔釜冷凝器 E104 的冷却水,使塔顶蒸汽冷凝为液体,流入塔顶回流罐 V101。

⑧ 通过塔釜上方和塔顶的观测段,观察液体加热情况。当液体开始沸腾时,注意观察塔内气液接触状况。

⑨ 当塔顶回流罐 V101 有冷凝液流入时,调节加热电压控制在 100~200 V 左右,打开回流泵 P101,回流泵自动控制液位直到稳定为止,进行全回流操作。

2. 精馏装置正常操作(以全回流操作为例)

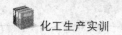

① 随时观测塔内各点温度、压力、流量和液位的变化情况,每五分钟记录 1 次数据(按表 2 内容填写)。

② 当塔顶温度 TI102 保持恒定一段时间(20 分钟)后,在塔釜和塔顶的取样点 AI101、AI104 位置分别取样分析(按表 3 内容填写)。

> **注意**:开车过程发生异常现象,必须及时报告指导教师进行处理。

3. 精馏装置停车操作(以部分回流操作为例):

① 首先关闭塔顶出料泵,然后再关闭进料泵,逐渐关闭再沸器 E103 的加热电压。

② 注意观察塔内情况,待塔顶回流罐 V101 没有冷凝液流入时,关闭回流泵 P101。

③ 没有蒸汽上升后,关闭冷却水入口阀 VA123,切断塔顶冷凝器 E101 和塔釜冷却器 E104 的冷却水。

④ 关闭仪表柜总电源,退出软件,关闭计算机。

⑤ 清理装置,打扫卫生,一切复原。

11.4.8　塔釜再沸器加热量控制技能训练

认识并掌握精馏生产过程中塔釜再沸器加热量控制的操作。根据内容要求,对塔釜再沸器加热量控制的操作进行练习。

1. 当塔内出现液泛现象(塔顶压力 PIC101 与塔釜压力 PI102 之差逐渐增大),或全回流时塔顶冷凝液没办法全部经回流泵回流时,我们需要将加热电压减小,以保证全塔的正常操作。

计算机操作步骤是:在实验软件中点击再沸器加热电压 EIC101 的调节框,将输入电压降低,减小至全塔正常运行为止。

手动操作步骤是:调节仪表 EIC101 的设定加热电压值(按仪表数据位移键◁,下面显示窗设定值的地方会出现光标闪动,按数据加减键▽、△加减到所需的加热电压,后按下设置键⟳确认)。

2. 当塔内出现漏液现象,或塔顶回流罐内没有回流液时,我们需要将加热电压增大,以保证全塔的正常操作。

计算机操作和手动操作方法如 8-(1)操作。

11.4.9　塔釜液位测控技能训练

认识并掌握精馏生产过程中对塔釜液位进行控制的操作。根据内容要求,对塔釜液位进行控制的操作练习。

1. 当塔釜液位高于指定位置时,我们打开再沸器 E103 放料阀 VA147、塔釜放空阀 VA122 和塔釜出料罐 V106 的出料阀 VA148 和阀门 VA150,应用进料泵 P104 将塔釜内多余物料放出。

2. 塔釜液面到达指定位置时,关闭以上所述的四个阀门(VA147、VA122、VA148 和 VA150)。

3. 当塔釜液位低于指定位置时,打开塔身进料板位置上的阀门 VA121、原料罐 V105 的放空阀 VA134、回原料罐 V105 的回流阀 VA131、塔釜放空阀 VA122 和原料罐 V105 下的出料阀 VA144,关闭其他进料管线上的相关阀门。

4. 打开仪表柜总电源。打开计算机,双击屏幕桌面上的〈精馏实验〉图标进入软件,登录系统后,将进料泵频率 SIC104 设定为 30.00 Hz,启动进料泵 P104。

5. 打开转子流量计 F101 下的阀门 VA115,逐渐关闭回原料罐 V105 的回流阀 VA131,将进料流量调整到所需位置。

6. 当塔釜液位指示 LIC101 达到指定位置时,关闭进料泵,同时关闭塔身进料板位置上的阀门 VA121 和塔釜放空阀 VA122。

11.4.10 全回流条件下精馏塔稳定性分析与判断技能训练

1. 全回流塔顶冷凝液回流量的稳定:即塔顶回流泵 P101 频率固定,且塔顶回流罐 V101 内的液面基本不再变化。

2. 精馏塔内温度曲线的稳定:进入实验软件,点击〈温度曲线〉,在界面中查看所有温度曲线,并且观察灵敏板曲线的分布状况。(塔顶温度曲线、回流液温度曲线都趋于水平直线)

3. 以上两种情况同时出现,我们则判断此时全回流操作中全塔稳定。

11.4.11 连续进料下部分回流操作技能训练

当全回流操作稳定并测量分析后,进行连续进料下部分回流操作:

1. 打开塔身进料板上的阀门 VA121、原料罐 V105 的放空阀 VA134、回原料罐 V105 的回流阀 VA131 和原料罐 V105 下的出料阀 VA144,关闭其他进料管线上的相关阀门。

2. 将进料泵频率 SIC104 设定为 30.00 Hz,启动进料泵 P104。

3. 打开转子流量计 F102,逐渐关闭回原料罐 V105 的回流阀 VA131,将进料流量调整到所需流量(建议为 6 L/h)。

4. 计算回流比(建议为 2:1)。根据全回流操作可以观察出回流量大概为 8 L/h(通过观察回流的转子流量计可以看出),从而计算出出料和回流的流量。进入实验软件,将采出泵 P102 频率设定为 10 左右(可以调节采出的转子流量计开度调节出料量)。设定 V101 塔顶回流罐 LIC102 的数值设为 100,此时出料,直至液面稳定。稳定一段时间后,记录相关数据。

11.4.12 进料预热系统调节技能训练

根据部分回流进料温度的要求,调整预热器操作训练。

1. 打开塔身进料板上的阀门 VA121、原料罐 V105 的放空阀 VA134、回原料罐 V105 的回流阀 VA131、塔釜放空阀 VA122 和原料罐 V105 下的出料阀 VA144,关闭其他进料管线上的相关阀门。

2. 打开计算机,双击屏幕桌面上的〈精馏实验〉图标进入软件,登录系统后,将进料泵频率 SIC104 设定为 30.00 Hz,启动进料泵 P104。

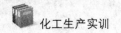

3. 打开转子流量计 F102,逐渐关闭回原料罐 V105 的回流阀 VA131,将进料流量调整到所需流量(建议为 6 L/h)。

单击实验软件中的 TIC101,将预热器的温度设定在所需温度(即 60.0℃)。打开进料加热开关。

11.4.13 精馏塔内压力系统调节技能训练

1. 关闭所有阀门。检查原料罐 V105、塔釜出料罐 V107 的加料口是否进行密封。

2. 双击屏幕桌面上的"精馏实验"图标进入软件,登录系统后,设定塔顶真空度为:−5.0 kPa,启动真空泵,观察是否能够控制在指定的负压范围(即软件上"PIC101"是否围绕−5.0 kPa 波动。一直增大或减小,都不是正常现象)。

11.4.14 回流罐液位自动控制技能训练

回流罐采用耐热玻璃制成便于观测,塔顶回流的液体进入回流罐,回流罐下面接回流泵和出料泵,回流量和出料量由变频调速器控制泵的转速达到控制流量的目的。为了使物料衡算进、出回流罐的液体相同,必须保持回流罐液位恒定。

全回流操作时,当塔顶冷凝器有液体出现时,在液位控制仪 LIC102 设定回流罐液位为 100 mm,启动回流泵,用变频调速器控制回流罐液位。回流量在 8 L/h 左右。部分回流操作时,在全回流回流罐液位稳定时缓慢打开出料泵出料量在 2~3 L/h 左右,即可以进行部分回流操作。

11.4.15 间歇精馏恒回流比操作技能训练

间歇精馏恒回流比操作是在全回流稳定的情况下按照一定的回流比(2~4)进行操作。时刻注意塔体内温度和塔釜再沸器液位的变化,当液位低于设定值时停止加热结束操作。

11.4.16 间歇精馏恒组成操作技能训练

间歇精馏恒组成操作是在全回流稳定的情况下按照一定的回流比(2~4)进行操作。当塔体灵敏板温度升高时应逐渐减小出料量,加大回流比确保塔顶组成保持稳定。时刻注意塔体内温度和塔釜再沸器液位的变化,当液位低于设定值时停止加热结束操作。

11.4.17 精馏塔减压系统控制和操作技能训练

检查真空系统的工作情况。按照操作要求,进行对精馏塔的真空系统进行密封,并且进行试压练习。

1. 关闭所有阀门。检查原料罐 V105、塔釜出料罐 V107 的加料口是否进行密封。

2. 双击屏幕桌面上的"精馏实验"图标进入软件,登录系统后,设定塔顶真空度为−5.0 kPa,启动真空泵,观察是否能够控制在指定的负压范围(即软件上"PIC101"是否围绕−5.0 kPa 波动。一直增大或减小,都不是正常现象)。

注意：由于乙醇—水系统在负压下沸点较低故系统真空度不要大于—10 kPa，如果出现异常，请及时停止试压操作，并且通知老师处理。

11.4.18　减压精馏塔全回流操作技能训练

按照上面 17 操作建立起真空系统后打开加热开关，用电加热器加热再沸器内的液体，按照 10 操作规程进行全回流操作。实训时注意观察塔内压力、温度变化，发现异常请报告老师。

11.4.19　精馏岗位化工仪表操作技能训练

通过对精馏塔的操作，可练习转子流量计、差压变送器、热电阻、液位计、压力表、回流比控制器、数字显示仪表的使用以及仪表联动调节能力锻炼。

1. 流量计（转子流量计）
2. 压力、液位测量（差压变送器、压力传感器、压力表、真空表、磁翻转液位计、玻璃管液位计）
3. 热电阻温度计
4. AI 数字显示仪表（前已叙述或见说明书）
5. 变频调速器（前已叙述或见说明书）

11.4.20　全回流和部分回流条件下总板效率测定技能训练

分别在全回流和部分回流稳定条件下从塔顶（AI101）、塔底（AI103）、进料取样口（AI102）用 100 mL 的三角瓶取样品 80 mL 左右，用酒精计分析测量样品浓度。

本实验采用三支组酒精计来测量乙醇与水二元物系的乙醇含量，分别是 0～40、40～70、70～100，可以测量样品温度在 40℃ 以下乙醇的体积分数。另外盒内装有温度计一支（量程为 0～50℃）。附带酒精计温度浓度换算表一本。

测量时首先检查酒精计是否有破损，有破损要及时更换。将样品倒入 50 mL 的量筒内（塔顶样品可以直接测量，塔釜温度较高，要将样品冷却至 40℃ 以下再操作）。塔顶乙醇浓度比较高，酒精计要用 70～100 量程的，取出酒精计，轻轻放入量筒底部，此时酒精计会慢慢浮起，待酒精计稳定不动后，读取样品液面的凹液面与酒精计刻度重合部分的刻度值为准，记录好刻度数值后，将酒精计拿出，用毛巾擦拭干净放入盒内备用。然后把温度计放入量筒内读取样品温度并记录。根据测得样品的温度和酒精计刻度值，对照温度浓度换算图（见图 7），查取乙醇的 20℃ 体积分数。

那么乙醇所占的质量分数为：

$$W = \rho_{乙醇}V_{乙醇}/[\rho_{乙醇}V_{乙醇} + \rho_{水}(1 - V_{乙醇})]$$

11.4.21　精馏岗位计算机远程控制操作技能训练

1. 启动计算机，进入 Windows 后，双击桌面文件"筛板精馏操作实训"图标，进入"筛

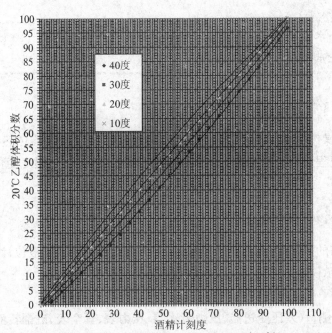

$y=-0.0019x^2+1.1752x+3.7609$ (40度) $y=0.001x^2+0.8992x-1.3487$ (30度) $y=-0.0015x^2+1.1443x+0.5048$

图7 酒精体积浓度换算表

板精馏实训计算机控制程序"点击界面,进入主程序。

2. 进入主程序后,进行相关操作,见(图8 主程序界面图)中,红色线框内为实际值,绿

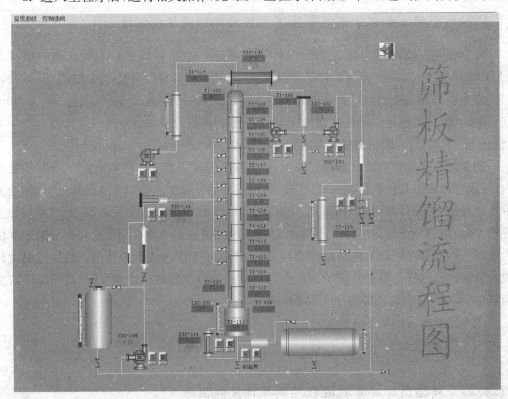

图8 主程序界面图

色框内为调整数值输入框,点击后见(图 9 程序界面图),输入所需的数值后按"确定"键,输入数值被写入。点击"监控曲线"进行查看塔体温度曲线(图 10、图 11 显示塔体温度曲线),点击"塔顶压力曲线"查看压力曲线(图 12 压力曲线)。

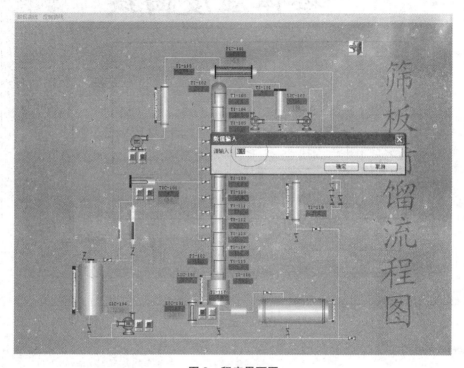

图 9　程序界面图

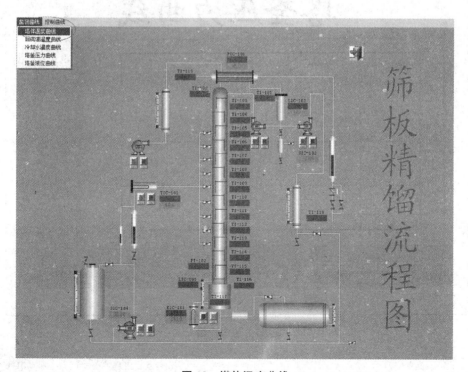

图 10　塔体温度曲线

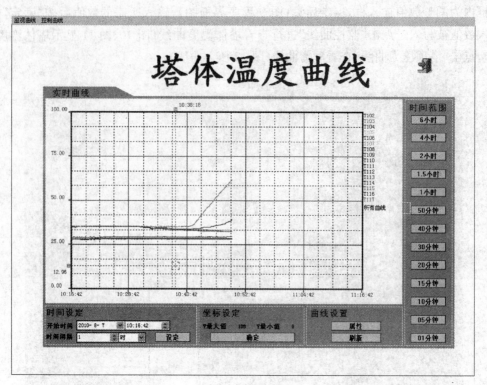

图 11　温度曲线

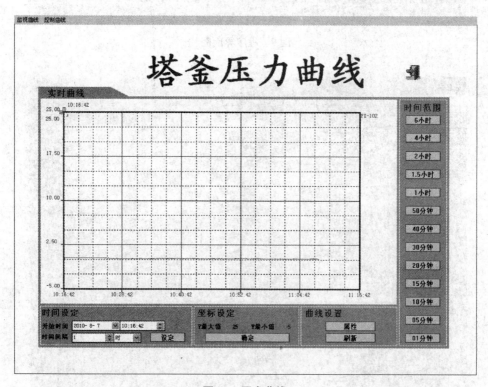

图 12　压力曲线

11.5　异常现象排除实训任务

通过总控制室计算机或远程遥控制造异常现象,如表4、表5所示。

表4　故障设置及处理表

序号	故障现象	产生原因分析	处理思路	解决办法	备注
1	精馏塔无进料液体	泵出故障、流量计卡住、管路堵塞	检查管路、泵和转子流量计		
2	精馏塔液泛	加热电压过大	调节电压		
3	设备断电	设备漏电或总开关跳闸	检查电路		
4	精馏塔无上升蒸汽	加热棒坏了或加热电压太低	加大电压、检查加热棒		
5	塔顶温度升高	冷却水没开、出料量过大	检查冷却水和出料泵		
6	塔顶回流罐液位升高	控制仪表参数更改或回流泵出故障	检查仪表和回流泵		

表5　遥控器故障设置按键名称表

遥控器按键名称	事故制造内容
A	关回流泵
B	关冷却水
C	开辅助加热
D	关进料泵
E	停总电源
F	关闭主加热电源

11.6　技能考核内容

1. 根据实训任务要求实训装置分离的物系为乙醇-水系统,塔顶馏出液中乙醇的体积浓度大于93%,塔顶产品体积量大于2 000 mL。

2. 间歇精馏恒回流操作,塔顶馏出液中乙醇的体积浓度大于93%,顶产品体积量大于2 000 mL。

3. 间歇精馏恒组成操作,塔顶馏出液中乙醇的体积浓度大于93%,塔顶产品体积量大于2 000 mL。

11.7　思考题

1. 什么是全回流? 全回流操作有哪些特点,在生产中有什么实际意义? 如何测定全回流条件下的气液负荷?

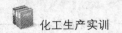

2. 当回流比 $R < R_{\min}$ 时,精馏塔是否还能进行操作? 如何确定精馏塔的操作回流比? 不同回流比对塔顶冷凝负荷及产物纯度有何影响?

3. 塔釜温度过高或过低会对实验有何影响? 塔釜加热量主要消耗在何处? 与回流量有无关系?

4. 冷液进料对精馏塔操作有什么影响? 进料口如何确定?

5. 如何判断精馏塔的操作已达到稳定?

6. 精馏塔的常压操作如何实现? 如果要改为加压或减压操作,如何实现? 在怎样的情况下才用减压精馏?

11.8 实训数据计算和结果案例

11.8.1 全回流操作

表 6 全回流、部分回流实验数据:实验物系(乙醇-水)

$R = \infty$		测样温度℃	酒精计读数	20℃ 体积分数	W 质量分数	X 摩尔分数
全回流	塔顶样品	23	96	95.4	0.942 5	0.865 1
	塔釜样品	24	14	13.1	0.106 5	0.044 5

20℃时乙醇密度 789 kg/m³   20℃水密度 998.2 kg/m³

塔顶样品酒精计读数=96   测得样品温度 23℃

塔釜样品酒精计读数=14   测得样品温度 14℃

根据以上两组数据查酒精计使用说明书得到 20℃时塔顶乙醇的体积百分数为 95.4%,则塔顶乙醇的质量分数换算为

质量分数 $W = \dfrac{(0.954 \times 789)}{(0.954 \times 789) + (1 - 0.954) \times 998.2} = 0.943$

摩尔分率 $X_d = \dfrac{\left(\dfrac{0.943}{46}\right)}{\left(\dfrac{0.943}{46}\right) + \dfrac{(1 - 0.943)}{18}} = 0.865$

同理可算得塔釜乙醇的摩尔分率 $X_w = 0.045$

用图解法求理论塔板数(如图 14 所示)

在平衡线和操作线之间图解理论板数为 8.9,认为塔釜再沸器为一块理论板

$$N_t = 8.9 - 1$$

则全塔效率 $\eta = \dfrac{N_t}{N_P} = \dfrac{7.9}{14} = 56.4\%$

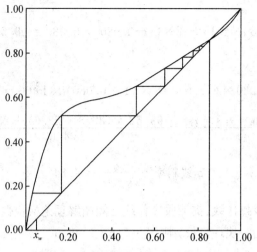

图13 全回流操作图解理论塔板数

11.8.2 部分回流操作

表7 部分回流实验数据：实验物系(乙醇-水,R=2)

R=2		测样温度℃	酒精计读数	20℃	W	X
				体积百分数	质量分数	摩尔分数
部分回流	塔顶样品	27.5	93	91.2	0.891 2	0.762 2
	塔釜样品	20.5	4	4	0.031 9	0.012 7
	进料样品	26	24	21.9	0.181 4	0.079 8

塔顶样品酒精计读数＝93　　测得样品温度 27.5℃

塔釜样品酒精计读数＝4　　测得样品温度 20.5℃

进料样品酒精计读数＝24　　测得样品温度 26.0℃

与全回流数据处理的方法相同,分别计算出塔顶和塔底乙醇的质量分数和摩尔浓度

$X_D=0.762; X_w=0.013; X_f=0.080$

进料温度 22.6℃

泡点温度与进料浓度之间的关系：

$$t_{BF}=-837.06 \times X_f^3+678.96 \times X_f^2-185.35 \times X_f+99.371$$

在 $X_f=0.080$ 下泡点温度 89.3℃

平均温度$=\dfrac{t_B+t_F}{2}=55.96$ ℃

乙醇在 55.96℃下的比热 $C_{p1}=4.19$ kJ/(kg・℃)；

水在 55.96℃下的比热 $C_{p2}=5.08$ kJ/(kg・℃)；

乙醇在 89.3℃下的汽化潜热 $r_1=615.5$ kJ/kg；

水在 89.3℃下的汽化潜热 $r_2=1\ 400$ kJ/kg。

混合液体比热：

$$C_{pm}=46\times0.080\times4.19+18\times(1-0.080)\times5.080=99.52\ kJ/(kg\cdot℃)$$

混合液体汽化潜热：

$$r_m=46\times0.080\times615.5+18\times(1-0.080)\times1\,400=25\,446\ kJ/kg$$

$$q=\frac{C_{pm}\times(t_B-t_F)+r_m}{r_m}=\frac{99.52\times(89.3-22.6)+25\,446}{25\,446}=1.26$$

$$q\ 线斜率=\frac{q}{q-1}=4.84$$

在平衡线和精馏段操作线、提馏段操作线之间图解理论板板数6.6（如图14所示）

认为塔釜再沸器为一块理论板，则 $N_t=6.6-1=5.6$

全塔效率 $\eta=\dfrac{N_t}{N_P}=\dfrac{5.6}{14}=40\%$

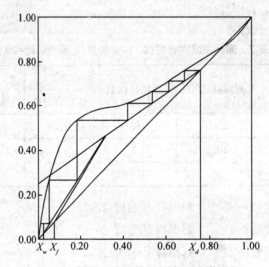

图14 部分回流操作图解求理论塔板数

第十二章　盐卤中盐硝分离实训

12.1　实训目的

1. 了解升膜蒸发器中加热蒸发器、分离器、冷凝器等主要设备的结构和布置。

2. 能识读升膜蒸发岗位的工艺流程图、实训设备示意图、实训设备的平面和立面布置图,能绘制工艺配管简图。

3. 掌握升膜蒸发分离过程的基本原理和流程,学会升膜蒸发器的操作控制,了解操作参数对升膜蒸发过程的影响,能根据异常现象分析判断升膜蒸发过程中常遇到的故障种类、产生原因并排除处理。

4. 熟练掌握升膜蒸发装置的开停车;掌握原料液、馏出液和残液中 NaCl 和 Na_2SO_4 的质量含量的分析测定方法。

5. 熟悉升膜蒸发操作过程中盐硝分离效果的影响因素。

6. 能根据生产任务进行蒸发浓缩的计算,根据现场情况选择适宜的蒸发浓缩次数。

7. 理解 CIP 清洗的概念、意义及操作方法。

8. 通过对 $NaCl - Na_2SO_4 - H_2O$ 三元体系的分离提纯操作,能够使学生具备升膜蒸发生产工艺的初步设计能力,提升学生对实际化工生产的操作和管理能力。

12.2　盐硝分离实训工艺过程、控制面板及主要设备

12.2.1　带有控制点的盐硝分离工艺及设备流程图

带有控制点的盐硝分离工艺及设备流程如图 1 所示。

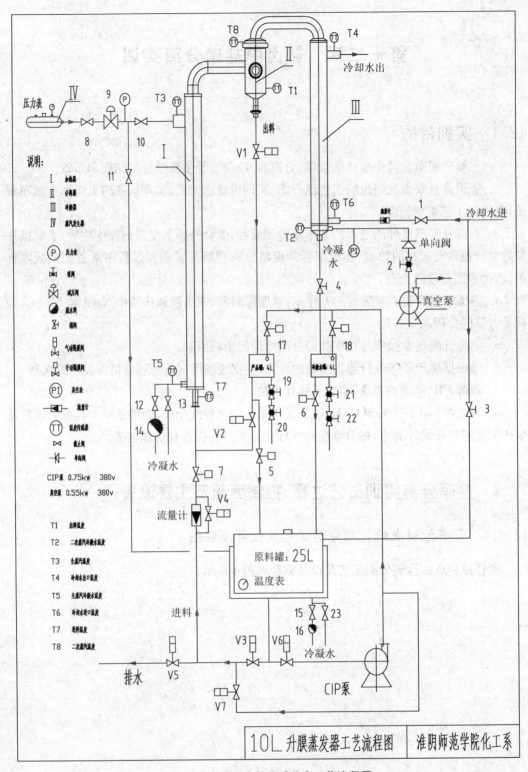

图1 带有控制点的盐硝分离工艺流程图

12.2.2　盐硝分离实训系统控制面板

盐硝分离实训系统控制面板如图 2 所示。

图 2　盐硝分离生产实训装置面板图

12.2.3　主要设备

盐硝分离工艺主要设备列于表 1。

表 1　盐硝分离生产工艺设备一览表

设备位号	名　称	规格型号	数量
Ⅰ	加热器	加热管长 1.48 m,加热面积 0.23 m²,最大蒸发量 10 L/h	1
Ⅱ	分离器		1
Ⅲ	冷凝器	冷凝管长 0.55 m,换热面积 0.18 m²,冷却水量 0.5 t/h	1
Ⅳ	蒸汽发生器		1
	真空泵	功率 0.55 kW,真空度 750 mmHg,处理量 0.15 m³/min	1
	CIP 泵	功率 0.75 kW,处理量 0.5 t/h	1

12.2.4　盐硝分离工艺

盐硝分离实训的原料液为 $NaCl$ - Na_2SO_4 - H_2O 的混合液,经分离后产品罐为浓缩后的 $NaCl$(含少量 Na_2SO_4)溶液,冷凝水罐成分主要是水。

如图 1 所示,原料液从加热室的底部进入,由离心泵输送经转子流量计控制流量,料液进入加热管后,受热沸腾迅速汽化,蒸汽在管内迅速上升,料液受到高速上升蒸汽的带动,沿管壁形成膜状上升,并继续蒸发。产生的蒸汽与液相共同进入蒸发器的分离室,利用高温析硝低温析盐的原理,膜管内硝盐浓度不断增加,主要含氯化钠的浓料液从分离器下部流入产品罐,从蒸汽分离器顶进入冷凝器冷凝后进入冷凝水罐。

12.3 盐硝分离过程工艺参数控制技术

12.3.1 原料罐加热蒸汽温度控制

原料罐加热蒸汽温度控制方式如图3所示。

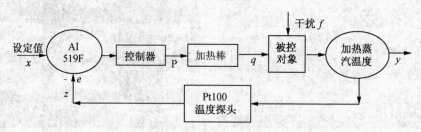

图3 原料罐加热蒸汽温度控制系统方框图

此种控制方式为PID控制,具体原理分析如下:图3中AI519F为比较器,它是控制器的一个部分,不是独立的元件,只是为了说明其作用把它单独画了出来。干扰 f 是除加热棒外其他对加热蒸汽温度产生影响的因素。被控对象为加热蒸汽,加热蒸汽温度为被控对象的被控变量,它是被控对象的一个部分,不是独立的元件,也是为了说明其作用把它单独画了出来。当干扰 f 发生作用时,被控对象的被控变量 y(即加热蒸汽温度)发生变化,测量元件测出其变化值 z 送到比较器与设定值 x 进行比较,得出偏差 $e = x - z$,控制器根据偏差的大小按事先设定好的控制规律运算后输出一个控制信号 P 给加热棒,加热棒根据信号 P 来调整操纵变量 q(加热量)发生相应的改变,从而使被控对象的输出—被控变量保持稳定。

12.3.2 原料罐液位控制

原料罐液位控制方式如图4所示。

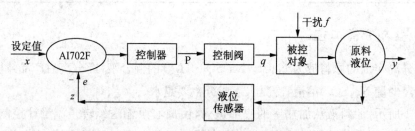

图4 原料罐液位控制系统方框图

此种控制方式为位式控制,具体原理分析如下:图4中被控对象为原料罐液位,AI702F 为比较器,它是控制器的一个部分,不是独立的元件,只是为了说明其作用把它单独画了出来。干扰 f 是除加热棒外其他对加热蒸汽温度产生影响的因素。被控对象为原料,原料液位是被控对象的被控变量,它是被控对象的一个部分,但不是独立的元件。当干扰 f 发生作用时,被控对象的被控变量 y(即原料液位)发生变化,测量元件测出其变化

值 z 送到比较器与设定值 x 进行比较,得出偏差 $e＝x－z$,控制器根据偏差的大小按事先设定好的控制规律运算后输出一个控制信号 P 给控制阀,控制阀根据信号 P 来调整操纵变量 q(控制阀开度)发生相应的改变,从而使被控对象的输出—被控变量保持稳定。

12.3.3 进料预热仪表控制

进料预热仪表控制如图 5 所示。

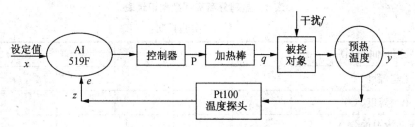

图5 进料预热控制系统方框图

此种控制方式为 PID 控制,具体原理分析如下:图 5 中 AI519F 为比较器,它是控制器的一个部分,不是独立的元件,只是为了说明其作用把它单独画了出来。干扰 f 是除加热棒外其他对预热温度产生影响的因素。被控对象为预热器,预热温度为被控对象的被控变量,它是被控对象的一个部分,但不是独立的元件。当干扰 f 发生作用时,被控对象的被控变量 y(即预热温度)发生变化,测量元件测出其变化值 z 送到比较器与设定值 x 进行比较,得出偏差 $e＝x－z$,控制器根据偏差的大小按事先设定好的控制规律运算后输出一个控制信号 P 给加热棒,加热棒根据信号 P 来调整操纵变量 q(加热量)发生相应的改变,从而使被控对象的输出—被控变量保持稳定。

12.4 实训内容及操作步骤

12.4.1 工艺文件准备

阅读升膜蒸发生产过程工艺文件,能识读升膜蒸发岗位的工艺流程图、实训设备示意图、实训设备的平面和立面布置图,能绘制工艺配管简图,能识读仪表联锁图。了解升膜蒸发器中加热蒸发器、分离器、冷凝器等主要设备的结构和布置。

12.4.2 开车前动、静设备检查训练

检查蒸汽发生器、真空泵、真空表、原料罐、流量计设备等是否完好,检查阀门、分析取样点是否灵活好用以及管路阀门是否有漏水现象。

注意:如果出现异常现象,必须及时通知指导教师。切不可擅自开车。

12.4.3 检查原料液及冷却水、电气等公用工程供应情况训练

1. 检查原料罐内阀门是否处于正确位置,是否有泄漏。

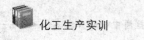

2. 检查仪表柜电源是否连接好,按下电器仪表柜总电源开关使仪表上电,实训设备处于准备开启状态。

3. 按照常用仪表使用方法,对仪表及主要部件是否正常做出判断。

4. 打开设备总电源并启动系统,巡视仪表。观察仪表有无异常。

12.4.4 制定操作记录表格训练

表2 盐硝分离实训数据记录表

填表人: 　　　　　　　　实验日期:

采集时间(min)					
进料温度(℃)					
出料温度(℃)					
生蒸汽温度(℃)					
生蒸汽冷凝水温度(℃)					
二次蒸汽温度(℃)					
二次蒸汽冷凝水温度(℃)					
冷却水进口温度(℃)					
冷却水出口温度(℃)					
实验同组人:					

表3 不同批次进料情况数据汇总表

填表人: 　　　　　　　　填表日期:

生产批次	1	2	3
生蒸汽(kg/h)			
生蒸汽压力(MPa)			
生蒸汽冷凝水温度(℃)			
进料量(kg/h)			
进料温度(℃)			
出料量(kg/h)			
出料温度(℃)			
二次蒸汽温度(℃)			
二次蒸汽冷凝水量(kg/h)			
二次蒸汽冷凝水温度(℃)			
冷却水进口温度(℃)			
冷却水出口温度(℃)			

12.4.5　冷凝系统水量及回流温度调节技能训练

检查升膜蒸发器冷却水管路是否正常,打开冷却水阀 1、10、13,检查水流量是否达到实训要求。检查回流液温度计是否安装好,在仪表盘面上温度显示是否正确。

12.4.6　原料液浓度配置与进料流量调节技能训练

了解掌握原料液的配置、检查原料液浓度和调节进料量的操作。按照操作要求,进行与进料相关的操作练习。

混合原料液的技能操作

① 将已配好的 $NaCl$ - Na_2SO_4 - H_2O 混合液倒入 25 L 原料罐中。

② 测量原料浓度:运用化学滴定的方法测定 Cl^- 和 SO_4^{2-} 浓度从而计算相应 $NaCl$ 和 Na_2SO_4 的质量分数,H_2O 的质量分数由差减法确定(原料固含量一般控制在 15% 以内)。

③ 调节进料量:检查升膜蒸发器冷却水管路是否正常,打开冷却水阀 1、10、13,待冷凝水出口排出蒸汽时,打开阀 12,再关闭阀 13,确保压力表读数不超过 0.2 MPa。然后打开阀 7,并缓慢打开流量计阀,注意观察流量计内的转子,当流量达到最大时,停止。待物料上升到刚进入可视玻璃的弯头时,把流量计调小至 15～20 L/h,若液体瀑沸,调阀 2 减小真空度,并调阀 10 以保证生蒸汽温度在 120℃ 左右。

12.4.7　蒸汽设备开、停车操作技能训练

认识并掌握盐硝分离生产过程中的开、停车操作。根据内容要求,对升膜蒸发装置的开、停车进行相应的操作练习。

1. 升膜蒸发装置开车操作

开车步骤:开启蒸汽发生器,打开锅炉加热,待压力达到 0.4 MPa 以上,然后关闭除阀 1、2、4 以外的所有阀门,在触摸屏上启动 V1、V3 阀和真空泵,待真空表读数大 0.07 MPa 以上,持续 5 分钟,确保系统气密性良好。

> **注意**:开车前,需先打开水龙头,再打开蒸汽发生器开关,以进行自动补水。

转子流量计处于全关状态,以保证真空。

真空泵启动前需开启 V1、V3 阀,顺序不能调换。

2. 升膜蒸发装置正常操作

① 将混合物料放入 25 L 原料罐内开蒸汽进行预热,具体步骤如下:手动打开蒸汽阀 8、11、23,待冷凝水出口排出蒸汽时,打开阀 15,关闭阀 23,确保压力表读数不超过 0.2 MPa,预热至 59℃ 后,关闭阀 11。

② 检查升膜蒸发器冷却水管路是否正常,打开冷却水阀 1,并手动打开阀 10、13,待冷凝水出口排出蒸汽时,打开阀 12,再关闭阀 13,确保压力表读数不超过 0.2 MPa。然后打开阀 7,并缓慢打开流量计阀,注意观察流量计内的转子,当流量达到最大时,停止。待物料上升到刚进入可视玻璃的弯头时,把流量计调小至 15～20 L/h,若液体瀑沸,调阀 2 减

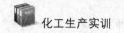

小真空度,并调阀 10 以保证生蒸汽温度在 120℃左右。

③ 物料蒸发过程中,通过采样使用沉淀滴定的方法检查物料浓度,打开阀 19,待几秒后关闭阀 19,再打开阀 20 取样。若产品浓度不达标,在触摸屏上打开阀 V2 进行回流循环,再取样,重复以上步骤至产品浓度达标。由于产品罐较小,实验 40 分钟左右要停机放料,若连续工作则可在产品罐下接螺旋泵输料出去。

> **注意:**控制蒸汽及温度的阀门呈红色,只需开一点点阀门即可,阀门开大,容易造成蒸汽过多,影响实验结果。

达到真空后,首先将位于转子流量计后面的阀 7 缓慢开启,随后再缓慢打开转子流量计。

若玻璃罐始终无水流出现,很可能是因为蒸发量过小。

通过控制阀 10 和冷凝水的开度大小来保证生蒸汽温度在 120℃左右。

料液与蒸汽不直接接触,蒸汽走加热器的加热管外层,料液走加热管内层。

3. 升膜蒸发装置停车操作

停车时,先关闭阀 10,等待 1 分钟后再关闭真空泵和阀 1,拆下阀 6 以下的管路后,再缓慢打开阀 6,用容器在下面接冷凝水,待冷凝水罐排完后,就可接上管路。然后再拆下阀 5 以下的管路后,缓慢打开阀 5,用容器在下面接物料,待物料罐排完后,就可接上管路,随后进行清洗。

> **注意:**实验结束后需将蒸汽发生器的水全部排完,阀门全部关闭。

12.4.8 原料罐加热量及预热系统调节控制技能训练

认识并掌握升膜蒸发生产过程中原料罐加热量及预热系统调节控制的操作。根据内容要求,对原料罐加热量控制的操作进行练习。

1. 将混合物料放入 25L 原料罐内开蒸汽进行预热,具体步骤如下:手动打开蒸汽阀 8、11、23,待冷凝水出口排出蒸汽时,打开阀 15,关闭阀 23,确保压力表读数不超过 0.2 MPa,预热至 59℃后,关闭阀 11。

2. 检查升膜蒸发器冷却水管路是否正常,打开冷却水阀 1,并手动打开阀 10、13,待冷凝水出口排出蒸汽时,打开阀 12,再关闭阀 13,确保压力表读数不超过 0.2 MPa。然后打开阀 7,并缓慢打开流量计阀,注意观察流量计内的转子,当流量达到最大时停止。待物料上升到刚进入可视玻璃的弯头时,把流量计调小至 15~20 L/h,若液体瀑沸,调节阀 2 减小真空度,并调阀 10 以保证生蒸汽温度在 120℃左右。

12.4.9 原料罐液位测控技能训练

认识并掌握升膜蒸发生产过程中对原料罐液位进行控制的操作。根据内容要求,对原料罐液位进行控制的操作练习。

1. 当原料罐液位高于指定位置时,我们打开阀 23 将原料罐内多余物料放出。

2. 当原料罐液面到达指定位置时,关闭阀23。

3. 当原料罐液位低于指定位置时,关闭阀23,并继续加料,并关闭其他进料管线上的相关阀门。

12.4.10　重组分收集塔稳定性分析与判断技能训练

打开阀19,待几秒后关闭阀19,再打开阀20取样。用100 ml的三角瓶取样品80 ml左右,运用化学滴定的方法测定 Cl^- 和 SO_4^{2-} 浓度从而计算相应 $NaCl$ 和 Na_2SO_4 的质量分数,H_2O 的质量分数由差减法确定。

若产品浓度不达标,在触摸屏上打开阀V2进行回流循环,再取样,重复以上步骤至产品浓度达标。由于产品罐较小,实验40分钟左右要停机放料,若连续工作则可在产品罐下接螺旋泵输料出去。

12.4.11　轻组分收集塔操作技能训练

打开阀21,待几秒后关闭阀22,再打开阀21取样。根据沉淀滴定的方法测定 Cl^- 和 SO_4^{2-} 浓度从而计算相应 $NaCl$ 和 Na_2SO_4 的质量分数,H_2O 的质量分数由差减法确定。

12.4.12　自动清洗控制技能训练

清洗控制面板如图6所示。首先使用60℃清水清洗,具体清洗过程如下:

打开阀3、4、5、6、7,待原料罐内充满四分之三清水时,关闭阀3,对水进行预热,预热过程同物料预热过程一致。

打开触摸屏上CIP1进行自动大循环清洗,确保阀5、6都打开后,手动在触摸屏上关闭阀V2(在CIP1循环清洗时,可通过手动开关阀V1来分别清洗分离室和冷凝器)。过5分钟后,打开触摸屏上CIP1排水,关闭CIP1清洗,待罐内水排完后,关闭CIP1排水。

接着打开阀3、17、18,待水充满原料罐四分之三后停止供水,关闭阀3,再打开触摸屏上CIP2进行自动产品罐与冷凝水管的清洗。过5分钟后打开触摸屏上CIP2排水,关闭CIP2清洗,待罐内水排完后,关闭CIP2排水。

注意:清洗时,转子流量计打开至最大。

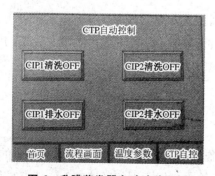

图6　升膜蒸发器自动清洗面板

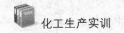

其次,使用 60℃的 2% NaOH 溶液清洗,具体过程同水洗。

第三,使用 60℃的 2% HNO₃溶液清洗,具体过程同水洗。

最后,再使用清水清洗一次。

12.4.13 产品循环浓缩操作技能训练

在蒸发浓缩过程中为了随时检验物料浓度,在产品罐下面和冷凝罐下面设有取样管路。当检测产品料液浓度不达标时,可打开料液旁通管路直接进入加热室内再加热循环。如果料液有损失,要检查冷凝罐内是否含有物料,如果含有物料,则可能真空度过大,可适当降低真空度。

12.5 异常现象排除实训任务

通过总控制室计算机或远程遥控制造异常现象,如表 4 所示。

表 4 故障设置及处理表

序号	故障现象	产生原因分析	处理思路	解决办法	备注
1	蒸发器无进料液体	泵出故障、流量计卡住、管路堵塞	检查管路、泵和转子流量计		
2	设备断电	设备漏电或总开关跳闸	检查电路		
3	蒸发器无上升蒸汽	加热棒坏了或加热电压太低	加大电压、检查加热棒		
4	蒸汽温度升高	冷却水没开、出料量过大	检查冷却水和出料泵		
5	收集罐没有水	蒸发量过小	检查蒸汽温度、压力		

12.6 技能考核内容

根据实训任务要求实训装置分离的物系为 NaCl - Na₂SO₄ - H₂O 的混合液。考生应选择适宜的真空度、物料流量、温度、再循环量和操作方式等,并采取正确的操作方法,完成试训考核指标。

12.7 思考题

1. 升膜蒸发的基本工作原理是什么? 它适用于哪些物质的蒸发分离?

2. 升膜蒸发器操作时,管内三段不同的区域的工作特点是什么?

3. 升膜蒸发器形成爬膜的动力是什么? 其形成的必要条件是什么?

4. 什么是蒸发过程中的雾沫夹带？它会造成哪些后果？升膜蒸发器操作会产生雾沫夹带吗？

5. 什么是 CIP 清洗？CIP 清洗中加入的酸、碱分别能去除哪些残留物？

12.8　实训数据计算和结果案例

12.8.1　一次蒸发浓缩操作

根据沉淀滴定的方法测定 Cl^- 和 SO_4^{2-} 浓度从而计算相应 $NaCl$ 和 Na_2SO_4 的质量分数，H_2O 的质量分数由差减法确定。

利用 Ag^+ 与卤素离子的反应来测定 Cl^-，具体过程如下：

（1）在取样液中加入吸附指示剂荧光黄。

（2）使用 $AgNO_3$ 滴定，在等当点以前，溶液中 Cl^- 过剩，$AgCl$ 沉淀的表面吸附 Cl^- 而带负电，指示剂不变色。

（3）在等当点后，Ag^+ 过剩，沉淀的表面吸附 Ag^+ 而带正电，它会吸附荷负电的荧光黄离子，使沉淀表面显示粉红色，从而指示终点已到达。

（4）每 1 mol 的 Ag^+ 消耗 1 mol 的 Cl^- 产生沉淀，根据滴定的 Ag^+ 摩尔量可以计算出样品液中所含的 Cl^- 摩尔量，从而可以得出 $NaCl$ 摩尔量，最终得出样品液中 $NaCl$ 的质量含量。

利用 Ba^{2+} 与 SO_4^{2-} 的反应来测定 SO_4^{2-}，具体过程如下：

（1）移取 10 mL 试样液于 250 mL 容量瓶中，用水稀释至刻度摇匀，此溶液为 A 溶液。

（2）移取 A 溶液 25 mL 于 250 mL 的三角瓶中，加 10 mL 氨-氯化铵缓冲溶液，4 滴铬黑 T 作指示剂，用 0.05 mol/L 的 EDTA 标准溶液滴定至由红色到蓝色为终点，记下消耗的体积（V_1）。

$$SO_4^{2-} + Ba^{2+} \Longrightarrow BaSO_4$$
$$Ba^{2+} + H_2Y^{2-} \Longrightarrow BaY_2 + 2H^+$$

（3）移取 A 溶液 25 mL 于 250 mL 的三角瓶中，加 5 mL 2 mol/L 盐酸溶液，用移液管准确滴加 10 mL 氯化钡-氯化镁混合液（过量），摇匀，加 10 mL 氨-氯化铵缓冲溶液和 25 mL乙醇，4 滴铬黑 T 作指示剂，用 0.05 mol/L 的 EDTA 标准溶液滴定至由红色到紫红色，再补加 2 滴铬黑 T，记下消耗的体积（V_2）。

（4）移取 10 mL 氯化钡-氯化镁混合液，按上述"1"中操作，记录消耗的体积（V_3）。

$$Na_2SO_4(g/L) = M(V_3 + V_1 - V_2) \times 0.142$$

式中：M——EDTA 标准溶液的浓度，mol/L；

　　　V_1——试样沉淀 SO_4^{2-} 前消耗 EDTA 的体积，mL；

　　　V_2——试样沉淀 SO_4^{2-} 后消耗 EDTA 的体积，mL；

　　　V_3——空白氯化钡-氯化镁溶液的体积，mL；

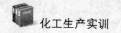

W——取样的体积。

12.8.2 多次蒸发浓缩操作

根据沉淀滴定的方法测定 Cl^- 和 SO_4^{2-} 浓度从而计算相应 NaCl 和 Na_2SO_4 的质量分数，H_2O 的质量分数由差减法确定。具体计算方法同上。

参 考 文 献

[1] 中国石化集团上海工程有限公司编. 化工工艺设计手册(第四版). 北京:化学工业出版社,2014.

[2] 柴诚敬. 化工原理(第二版). 北京:高等教育出版社,2010.

[3] 居沈贵,夏毅,武文良. 化工原理实验. 北京:化学工业出版社,2016.

[4] 程振平,赵宜江. 化工原理实验. 南京:南京大学出版社,2010.